Evolution 3.0

Zufall Gott

© Günter Hiller 2015

Herstellung und Verlag:
BoD - Books on Demand, Norderstedt
ISBN 9 783734 798856

1. Auflage
gunterhiller@gmail.com

Wir sind, was wir denken.
Alles, was wir sind, entsteht in unseren Gedanken.
Mit unseren Gedanken erschaffen wir die Welt.

aus Buddha: DAMMAPADA

Vorwort

Da ich mich sehr lange mit Evolution beschäftigt habe, nicht nur mit biologischer, sondern auch mit kultureller, war ich irgendwann einmal gefangen von der Brillanz dieser Erklärungsform. Mir wurde ziemlich bald klar, dass dem Werden unseres Kosmos auch eine Evolution zu Grunde liegen muss, eine kosmische Evolution.

Natürlich stößt man mit dieser Vorstellung bei den Arrivierten der Szene auf Ablehnung, aber das tat auch Darwin, als er seine *Abstammung des Menschen* vorstellte (1871). Bereits im drittletzten Absatz seines Werkes *Die Entstehung der Arten* schrieb Darwin 1859 zusammenfassend, dass sich nunmehr ‚ein weites Feld' für weitere Forschungen eröffne und er beschloss diesen Absatz mit dem bekannten Satz: „Licht wird auf den Ursprung der Menschheit und ihre Geschichte fallen."

Ich hoffe auch mit diesem Buch ‚ein weites Feld' zu öffnen und wünsche mir, dass Physiker in Zukunft nicht mehr die Brillanz der Evolution in einem dumpfen Urknall zerbersten lassen.

Als Kind der Evolution weiß ich, dass man nur aus Fehlern lernt. Daher ist es wohl der größte Fehler, diese unter allen Umständen vermeiden zu wollen! Meine Vorstellungen sind nicht perfekt. Sie dürfen nicht perfekt sein. Perfektion und Evolution schließen einander aus! Perfektion und Evolution sind komplementär!

Günter Hiller

Antigua, im Februar 2015

Inhalt

Prolog 7

1 Evolution 1.0 - Kulturelle Aspekte 13

    1.1   Religion und Moral 13
    1.2   Wissenschaft 21
    1.2.1 Mathematik 24
    1.3   Kunst und Rückkopplung 28

2 Evolution 2.0 - Biologische Aspekte 33

    2.1   Biologisches Leben 34
    2.2   Fortpflanzung und Mutation 36

3 Evolution 3.0 - Physikalisch-chemische Aspekte 41

    3.1   Molekülketten 43
    3.2   Periodensystem der Elemente 45
    3.3   Gravitation 53
    3.3.1 Die Vor-Wasserstoff-Ära 53
    3.3.2 Die Wasserstoff-Ära 71

Epilog 80

Eine kleine Geschichte der Welt 89

Nachlese 96

Literatur 103

Evolution weitergedacht

Wenn unser Universum offen ist, dann schließt das andere Universen oder ein Jenseits aus. Ein offenes Universum ist einmalig und infolgedessen ist der Begriff der Reproduzierbarkeit für dieses Universum als Ganzes nicht anwendbar, sondern mit Einschränkungen nur für ausgewählte Teile. Ein offenes System lässt sich nicht abschließend und eindeutig erklären, sondern benötigt eine in sich selbst offene Erklärungsform, als die sich Evolution begreifen lässt.

Aufgabe, Zielsetzung und Sinn der Evolution lässt sich prägnant mit ‚Bewahrung von Information' charakterisieren. Dabei ist es unerheblich, ob es sich um kulturelle, biologische oder kosmische Informationen handelt. Jede dieser Informationsformen hat ihr eigenes Zeitregime. Diese unterscheiden sich um Faktoren im Millionenbereich. Eine sehr langsame kosmische Evolution öffnet mit Darwins Worten ein ‚weites Feld' und ‚Licht wird auf den Ursprung des Universums und seine Geschichte fallen'.

Prolog

> Wir sind, was wir denken.
> Alles, was wir sind, entsteht in unseren Gedanken.
> Mit unseren Gedanken erschaffen wir die Welt.

Dieses Zitat von Buddha charakterisiert sehr klar die menschliche Fähigkeit, etwas Neues zu erdenken. Das ist der Kern der kulturellen Evolution.

Wenn wir ein modernes Kreuzfahrtschiff über die Meere gleiten sehen, fällt uns manchmal die Vorstellung schwer, dass unsere Seefahrt irgendwann einmal mit einem Einbaum angefangen hat und noch schwerer zu begreifen, wie viele Schritte und Misserfolge für diese Entwicklung tatsächlich notwendig waren! Zur Zeit Buddhas vor etwa 2500 Jahren waren Galeeren mit kleinen Segeln der Stand der Dinge. Dabei war das menschliche Gehirn zu dieser Zeit schon sehr weit entwickelt, denn seine Entwicklung begann schon einige Millionen Jahre früher.

In der Erdölexploration kommt noch ein ganz anderer Zeitbegriff zum Tragen. Wenn man beispielsweise bei einer Explorationsbohrung in der Wüste Saudi-Arabiens in einer Tiefe von einigen tausend Metern auf Erdöl stößt, lernt man, dass sich dort vor einigen hundert Millionen Jahren eine reiche Flora und Fauna befunden haben muss.

Paläontologen sind inzwischen in der Lage, an Hand der gefundenen Fossilien das Alter der zugehörigen Gesteinsschichten zu ermitteln. Trilobiten zählen zu den wichtigsten Leitfossilien der Erdgeschichte. Ihre Überreste werden zur relativen Altersbestimmung von Sedimentgesteinen genutzt. Diese Methodik nennt man **Biostratigraphie**. Bestimmte

Trilobitenarten kommen nur in engen zeitlichen Abschnitten vor, sind also für die Ablagerungen dieser Zeit kennzeichnend. Trilobiten sind nur in Gesteinen des Erdaltertums (Paläozoikum) fossil überliefert. Zu den ältesten Trilobiten, die sich gut erhalten haben, zählen die Arten der Gattung *Ellipsocephalus*, die auf der ganzen Welt gefunden wurden.

Das Paläozoikum (Erdaltertum) wird auf die Zeit von vor 521 Mio. Jahren bis zum Ende des Perms vor etwa 251 Mio. Jahren datiert. Trilobiten lassen sich durchaus als Vorfahren unserer größten Meeres- und Landtiere, der Wale und Elefanten, und von uns Menschen betrachten, stehen aber längst nicht am Anfang der biologischen Entwicklung.

Diese kurzen Ausführungen zeigen schon die unterschiedlichen Zeitskalen von biologischer und kultureller Evolution. Friedrich Cramer bezifferte diesen Faktor in seinem Buch *Der Zeitbaum* auf etwa eine Million. Richard Dawkins entwickelte einen Gedankengang (*Das egoistische Gen*), in dem er Gene ursächlich für die biologische Evolution verantwortlich sah. Analog zu dieser Vorstellung prägte er den Begriff *Meme* als Verursacher der kulturellen Evolution. Dieser Vorschlag wurde von Susan Blackwell in ihrem Buch *Die Macht der Meme* aufgegriffen und näher ausgeführt.

Beiden Vorstellungen gemein ist ein Evolutionsbegriff, den es näher zu betrachten gilt. Wichtig ist dabei, dass die kulturelle Evolution um einen Faktor im Millionenbereich schneller ist als die biologische Evolution. Schneller bedeutet hierbei, dass sie in einem anderen Zeitrahmen abläuft. Dabei kann man Zeit zunächst einmal nur als einen Begriff unserer Kultur verstehen, denn biologische Zeit oder eine biologische Uhr ist für uns nicht so ohne weiteres nachvollziehbar.

Wir müssen jedenfalls kulturelle und biologische Zeit solange auseinander halten, solange wir keine eindeutige Beziehung zwischen diesen beiden Zeitbegriffen herstellen können. Ich widerspreche hier ausdrücklich allen jenen, die den Begriff *Zeit* universell verwenden ohne den entsprechenden Bezug zu erörtern oder nachzuweisen! Ich gehe sogar noch einen Schritt weiter mit der Vorstellung eines dritten Zeitbegriffs, den ich *kosmologische Zeit* nennen möchte und der nochmals um einige Zehnerpotenzen langsamer ist als die biologische Zeit.

Wenn es uns Menschen schon extrem schwer fällt, biologische Veränderungen festzustellen und die kulturelle Evolution, die Entwicklung unserer Gedankenwelt, bis Darwin benötigte, um diese wissenschaftlich zu erfassen, dann ist es durchaus verständlich, dass noch sehr viel langsamere Änderungen bisher als konstant erachtet wurden. Wenn kosmologische Änderungen so langsam sind, dass sie bei irdischen Experimenten unterhalb der derzeitigen Messgenauigkeit liegen, dann ist diese Vereinfachung zwar durchaus gerechtfertigt, darf aber nicht zu einem kosmologischen Prinzip erhoben werden.

Hier unterscheide ich ganz klar zwischen Kosmologie und Physik und mit Physik meine ich ausdrücklich physikalische Erkenntnisse, die mit irdischen Experimenten gewonnen wurden oder werden. Bei letzterer ist diese Vereinfachung erlaubt und sinnvoll, solange man sich dieser Vereinfachung bewusst bleibt und sie nicht aus den Augen verliert! In nicht allzu ferner Zukunft sind Technologien zu erwarten, die Messgenauigkeiten bereitstellen, mit denen meine Vorstellungen entweder bestätigt oder widerlegt werden können.

T. H. Huxleys Grabstein enthält die Inschrift: *Try to learn something about everything and everything about something.* (Versuche etwas von allem und alles von etwas zu lernen.) Wir sollten uns dieses Motto heute mehr denn je zu Herzen nehmen.

In groben Zügen habe ich hier ein Weltbild skizziert, das auf drei ganz unterschiedlichen Zeitregimen basiert, deren Geschwindigkeiten sich jeweils um einen Faktor unterscheiden, der mindestens im Millionenbereich angesiedelt ist. Wir müssen klar zwischen einem kulturellen, einem biologischen und einem kosmologischen Bereich unterscheiden und den zugehörigen Evolutionsformen. Unglücklicherweise gibt es keinen Wissenschaftsbereich, der diese unterschiedlichen Zeitregimes umfasst. Daher gibt es bisher auch noch keine bereichsübergreifende *Evolutionstheorie*. Ziel dieses Buches ist es, eine allgemeine Evolutionstheorie herauszuarbeiten, die auf alle Bereiche anwendbar ist.

Evolutionsprozesse werden auf vielen Gebieten untersucht. In den Bereich der Kultur gehören dazu beispielsweise die Fachrichtungen Psychologie, Verhaltensforschung, Soziologie, aber auch die Mathematik. Zum biologischen Bereich muss man natürlich die Biologie und Mikrobiologie zählen. Der kosmologische Bereich wird derzeit auch von der Physik und Astronomie besetzt, allerdings ohne eine evolutionäre Entwicklung zu berücksichtigen!

Die meisten Koryphäen der Physik halten die Naturgesetze für unveränderlich und sind damit gezwungen sowohl einen evolutionären Istzustand als auch das Werden unserer Welt mit hochkomplexen mathematischen Formeln zu beschreiben, die aber ein sehr junges Produkt einer sehr jungen Kultur sind. Dabei bleibt zunächst die Wechselwirkung zwischen Kultur und Gedanken, unserer Denkweise, völlig unberücksichtigt.

Bei einem Versuch, *Evolution* zu verstehen und zu erklären, sollte man mit der schnellsten Evolutionsform, der kulturellen Evolution, beginnen. Zum einen lassen sich Vorstellungen viel schneller verifizieren oder falsifizieren und zum anderen ist die Kultur der Hort unserer Sprache, die letztlich die einzige Möglichkeit offenbart, diese Vorstellungen mit anderen zu teilen. Sollten wir für eine Beschreibung der biologischen oder kosmologischen Evolution besondere Begriffe benötigen, geht das nicht, ohne diese Begriffe kulturell einzubinden.

Bevor ich mich den einzelnen Evolutionsformen zuwende, möchte ich kurz meine Vorstellung einer bereichsübergreifenden und allgemeingültigen Evolutionsthese darlegen.

- Motor der Evolution ist Wettbewerb

- Ziel der Wettbewerber ist nicht zu gewinnen, sondern nicht auszusterben (wer nicht ausstirbt, kann weiter am Wettbewerb teilnehmen)

- Zum Vergleich von Wettbewerbern ist Gedächtnis unabdingbar

- Das Grundphänomen jeder Evolution ist ein Rückkopplungsprozess zweier Größen, die einander bedingen (Wettbewerb und Gedächtnis, Geist und Materie...), daher auch der Begriff Koevolution

- Mehr Gedächtnis erzielt man durch Kooperation (1 Bit kann 1 Information speichern, 2 Bits 4 Informationen, 3 Bits 8 Informationen...)

- Durch Kooperation entsteht etwas Größeres, etwas Neues, dessen Eigenschaften nicht vorhersagbar sein können (das Ganze ist mehr als die Summe seiner Teile, Emergenz)

- Bessere Gedächtnisse bieten den Akteuren Wettbewerbsvorteile und erlauben komplexere Wettbewerbe

- Gedächtnis ist nützlich und notwendig für die Auswahl und Speicherung erfolgreicher Versuche

- Wettbewerb und Kooperation bilden ein offenes System, in dem es immer Aussagen gibt, die unbestimmt sind (für das System)

- Evolution ist folglich ein offenes System, für das die Vorgabe von Randbedingungen sinnlos ist

- Evolution basiert auf den drei Grundpfeilern: Wettbewerb, Kooperation und Unbestimmtheit

- Wettbewerb fördert eine Effizienzsteigerung. Dazu gehören geringerer Ressourcenverbrauch und ein schnellerer Vollzug

Siehe dazu auch mein Buch: *Information und Kosmos*

1 Evolution 1.0 - Kulturelle Aspekte

Kultur (von lateinisch *cultura* ‚Bearbeitung, Pflege, Ackerbau') bezeichnet im weitesten Sinne alles, was der Mensch selbst gestaltend hervorbringt, im Unterschied zu der von ihm nicht geschaffenen und nicht veränderten Natur. Kulturleistungen sind alle formenden Umgestaltungen eines gegebenen Materials, wie in der **Technik** oder der bildenden Kunst, aber auch geistige Gebilde wie Moral, Religion, Recht, Wirtschaft und Wissenschaft. (Wikipedia)

Alle diese Kulturleistungen haben sich im Laufe der Zeit verändert und werden sich auch in Zukunft ändern. Sie unterliegen also alle einer evolutionären Entwicklung und es lohnt sich daher, einzelne Leistungen in Anbetracht der oben gelisteten Punkte näher zu beleuchten.

1.1 Religion und Moral

Religionen und Moralvorstellungen waren zunächst einmal nicht a priori vorhanden, sondern wurden von vorausschauenden weisen Menschen vorgeschlagen, um einerseits ein besseres Zusammenleben in größeren und großen Gruppen zu ermöglichen und zum anderen dienten sie der Erklärung von Dingen, die sonst unbegreiflich schienen. Wer davon überzeugt ist, dass Religionen eine Schöpfung eines persönlichen Gottes (oder der Götter) sind, wird in diesem Buch keine Bestätigung dafür finden und sollte im Zweifelsfall dieses Buch besser gleich zur Seite legen.

Aus der Geschichte der Menschheit ist bekannt, dass schon die alten Höhlenmenschen in Gruppen zusammenlebten und die Kontakte zwischen den verschiedenen Gruppen meist nicht sehr ausgeprägt waren. Innerhalb der abgeschlossenen Gruppen konnten sich somit Verhaltensweisen herauskristallisieren, die für diese Gruppe typisch waren und das Sammelsurium der individuellen Erfahrungen ihrer Mitglieder verkörperten. Man erkennt sofort den Vorteil eines guten Gedächtnisses. Damit ließen sich gute und schlechte Erfahrungen unterscheiden, um die guten Erfahrungen für die Zukunft zu nutzen. Diese wurden an die anderen Gruppenmitglieder und an zukünftige Generationen weitergegeben. Durch den Austausch mit anderen Gruppen wurde die Summe der gelebten Erfahrungen immer größer. Bei Auseinandersetzungen zwischen benachbarten Gruppen waren die Gruppen bevorteilt, denen Mitglieder alle die gleiche Strategie verfolgten.

Fungierte zunächst möglicherweise nur der Stammeshäuptling als Gedächtnis, konnte sich das durchaus als Handicap entwickeln, falls dieser bei einer Auseinandersetzung sein Leben verloren hätte. Es machte also Sinn, das vorhandene Wissen auf viele Gedächtnisse zu übertragen. Dazu musste man dieses Wissen in eine entsprechende Form bringen, damit es den Weg in viele Köpfe fand und dort auch gespeichert wurde.

Schon von Kindesbeinen an sind wir sehr empfänglich für schöne Geschichten oder Märchen, die wir oft ein Leben lang nicht vergessen. Man sagt nicht umsonst, dass ein Mensch die Summe seiner Geschichten ist.

Eine gute Geschichte sollte natürlich spannend und gut erzählt sein, aber aus meiner eigenen Erfahrung – und hier spreche ich nur für mich – gehört noch einiges mehr dazu. Ich möchte, dass mir Geschichten Wissen und Weisheiten vermitteln, meine Phantasien und Gedanken anregen und Visionen erzeugen. Geschichten müssen meine Neugier wecken, meinen

Forscher- und Entdeckerdrang. Als mir mein Vater in meiner Jugend das Buch *Götter, Gräber und Gelehrte* von C.W. Ceram schenkte, hatte dieses Buch einen wesentlichen Einfluss auf mein Leben. Dieses Buch enthält Geschichten, die meinen Vorstellungen entsprechen und einen festen Platz in meinem Gedächtnis gefunden haben.

Nun aber wieder zurück zur kulturellen Evolution. Wenn man wertvolle Erfahrungen, wertvolle Informationen hat, die man nicht verlieren möchte, aber noch keine Schrift oder Symbolsprache zur Verfügung steht, muss man diese in eine schöne Geschichte verpacken, diese so oft und so vielen Menschen wie möglich erzählen und hoffen, dass diese möglichst häufig weitererzählt wird. Dieses Erzählen alter Stammesgeschichten habe ich selbst bei den Tuaregs in der Wüste Nigers miterlebt. Die großen Kamelkarawanen von und nach Agadez machten regelmäßig an unserer Bohrstelle halt um die Tiere zu tränken und die Wasservorräte aufzufüllen. Nach getaner Arbeit versammelten sich die Kameltreiber im Halbkreis am Lagerfeuer und lauschten gebannt den Erzählungen des Karawanenführers. Da ein Bekannter von mir die Sprache der Tuaregs beherrschte, konnte er mir wesentliche Teile übersetzen. Mich faszinierte die Andacht der Zuhörer und der Wunsch des Erzählers authentisch zu wirken. Das ganze Ritual hatte einen sehr feierlichen, fast heiligen Charakter.

Dadurch, dass eine Geschichte häufig weitererzählt wird, kann sie ihre Authentizität verlieren. Jeder Erzähler ändert sie nach seinem eigenen Gutdünken leicht ab, unwesentlich, aber die Summe der Veränderungen kann durchaus dramatische Folgen haben. Ein Mittel gegen das Verändern der Geschichte besteht in einem kleinen Trick, den die alten Religionen frühzeitig erkannten. Man muss die ständigen Wiederholungen ritualisieren, kanonisieren.

Irgendwann wird aber auch damit eine Grenze erreicht, denn durch die Ritualisierung muss zumeist der eigentliche Inhalt verkürzt und auf das Wesentliche komprimiert werden. Man muss daher eine Möglichkeit finden, das ganze Wissen oder wenigstens das Wichtigste irgendwie auszulagern. Wie kann man Wissen, Informationen, die in Form von Erfahrungen und Erzählungen vorliegen, langfristig konservieren? Die besten Erfahrungen nutzen schließlich nichts, wenn sie in Vergessenheit geraten.

Meiner Meinung nach ist es die größte Kulturleistung der Menschheit, ihre Erfahrungen und Erzählungen symbolhaft darzustellen. Dabei ist die Art der Symbole zunächst zweitrangig, wichtig ist allein eine eindeutige Transformation von Informationen in Symbole und umgekehrt. Unsere Kultur hat einige Umsetzungsmöglichkeiten hervorgebracht, angefangen von der Höhlenmalerei über Reliefs, die in Stein gemeißelten Gebote von Moses, den Rosetta-Stein, die altägyptischen Papyrusrollen bis hin zur modernen Buchdruckkunst und heutigen Festplatten. Hervorgehoben werden sollte aber die Schrift. Ich finde es einfach phänomenal, Informationen, Erfahrungen und Geschichten so abstrakt darzustellen, aber letztlich war es eben ein langer evolutionärer Weg von den Höhlenzeichnungen über bildhafte Hieroglyphen zu unserer heutigen Schrift.

Jedenfalls befreite die Schrift den menschlichen Geist davon, sich jede Information merken zu müssen. Das Gehirn, das bis dahin hauptsächlich mit Datenspeicherung ausgelastet war, konnte sich nun auch mehr und mehr der Datenverarbeitung zuwenden, kreativ werden. Damit änderte sich aber auch das Wesen der Religion. Durch den Zusammenschluss von Gruppen zu Stämmen und von Stämmen zu Völkern musste Religion einen stammesübergreifenden Charakter bekommen, sie musste Stämme einigen können. Dazu musste Religion abstrakter werden, einen spirituellen Charakter annehmen, weniger Verhaltensregeln als vielmehr Erklärungen anbieten. Und sie musste unangreifbar werden. Religion musste sich von einem Verhaltenskodex einer kleinen Gruppe zu einer völkervereinenden Generaldoktrin wandeln. Um unanfechtbar zu sein, verlegten praktisch alle Weltreligionen die oberste moralische Instanz ins Jenseits und somit unerreichbar für uns Erdenbürger!

Diese Doktrin kann natürlich nur erfolgreich sein, wenn möglichst viele Menschen an dieses Jenseits glauben. Hier kommt eine Art Herdentrieb zum Tragen, der darauf beruht, dass nicht falsch sein kann, was viele für richtig halten. Obwohl niemand je dieses Jenseits gesehen oder besucht hat, hat sich dennoch in den Köpfen vieler Menschen die Vorstellung eines Jenseits eingenistet.

Man kann davon ausgehen, dass die ursprüngliche Bedeutung der Religionen darin bestand, ein kulturelles Gedächtnis zu schaffen (J. Assmann: *Religion und kulturelles Gedächtnis*). Vor der Erfindung der Schrift waren Rituale ein geeignetes Mittel gegen das Vergessen und gegen das Verändern. Ziemlich schnell zeigte sich aber schon das machtpolitische Potential der Rituale, das seine Auswirkungen bis in unsere heutige Zeit zeigt. Rituale fördern den Zusammenhalt von Gruppen und lassen sich leicht machtpolitisch instrumentalisieren und zur Manipulation von Massen umfunktionieren.

Da man Rituale durchaus als eine Kommunikation, als Wechselwirkung betrachten kann, erkennt man bereits am Beispiel der Religion wie sich eine Wechselwirkung verselbständigen kann und die eigentliche Aufgabenstellung fast verloren geht.

Jeder Mensch hat das Recht zu glauben, was er möchte. Es ist nur schade mit ansehen zu müssen, wie Religionen, die sich evolutionär entwickeln und den jeweiligen Bedürfnissen anpassen sollten, von Dogmatikern zum Stillstand gezwungen wurden und werden und somit langfristig zum Scheitern verurteilt sind. Religionsfürsten können zwar ihre Religion zum Stillstand verdammen aber nicht die Evolution der Menschheit verhindern. Religion ist ein Kulturgut und somit ein offenes System, das von und mit den Menschen lebt und sich weiterentwickeln muss.

Aber warum versuchen die Religionsverantwortlichen dennoch an den alten vorgegebenen Traditionen festzuhalten und neue Wege und Denkweisen der Menschen abzulehnen und Reformen auf jeden Fall zu verhindern? Warum erstarren die meisten Religionen? Der Grund dafür findet sich im Wesen der Evolution selbst. Stabilität und Kopiergenauigkeit sind ein zentrales Anliegen der Evolution. Nur, wenn diese Kopiergenauigkeit exakt 100% ist, dann gibt es keine Veränderung und irgendwann auch keine Evolution mehr. Man würde immer und immer wieder dieselbe Geschichte hören und erzählen, es gäbe keinen Wettbewerb mehr zwischen verschiedenen Geschichten, man braucht kein größeres Gedächtnis, da es keine neuen Informationen gibt.

Die Evolution steht vor einem Problem, sie benötigt Stabilität, aber nicht zu viel! Zu wenig Stabilität erzeugt Chaos, zu viel Stabilität Stillstand. Wie kommt die Evolution nun aus diesem Dilemma? Ganz einfach: Wettbewerb. In der Sprache der Evolution heißt das Zauberwort *Fitness*.

Unglücklicherweise hat sich Darwin dazu verleiten lassen, den nicht von ihm selbst stammenden Slogan *Survival of the fittest* zu verwenden, der die Evolutionstheorie zeitweilig etwas belastet hat. Um es klar zu sagen, die Vielfalt der Welt lässt sich mit dieser Aussage nicht erklären, ganz im Gegenteil. Daher lässt man heutzutage den Superlativ weg und begnügt sich mit **Survival of the fit**. Ein ‚fit genug' reicht zum Überleben.

Wettbewerb dient dann auch nicht mehr allein der Auswahl, sondern gibt den Teilnehmern die Möglichkeit der eigenen Standortbestimmung und Leistungsverbesserung. Diese Unschärfe der Auswahlkriterien ist letztlich für die Vielfalt und Buntheit unserer Welt verantwortlich.

Nun aber noch einmal zurück zur Religion. Vor einigen tausend Jahren, als die meisten großen Religionen entstanden sind, waren diese Kenntnisse nicht bekannt (und sind es noch bis heute vielen nicht), der Begriff Evolution existierte gar nicht, die Schöpfung hatte vor 10000 Jahren (oder wann auch immer) stattgefunden und der Zufall war Gottes Wille oder ein Wunder, je nachdem, ob dieser Zufall schlecht oder gut war. Aber als Produkt der Evolution hatte der Mensch Angst vor Instabilität, Angst vor Unwägbarkeiten, der Mensch sehnte sich nach Ordnung, nach dem Paradies.

Letztlich sprangen die Religionen genau in diese Bresche. Sie versprachen den Menschen Stabilität, Gerechtigkeit, Wiedergutmachung, ein ewiges Leben und alles, was sie sonst noch auf ihrer Wunschliste hatten, zwar nicht jetzt und hier, aber in einem zukünftigen Leben im Jenseits. Nur gibt es das alles natürlich nicht umsonst, so eine tolle Aussicht hat natürlich ihren Preis. Und genau in diesem Preis unterscheiden sich die einzelnen Religionen, Sekten und Gruppierungen.

Jedenfalls könnte Gottes Rache fürchterlich sein und ein ewiges Leben in einem ewigen Jenseits sehr verlockend. Ich bin mir meiner Provokationen sehr wohl bewusst, aber der Begriff der Ewigkeit ist weder für die Wissenschaften noch für die Religionen förderlich. In der Wissenschaft sind dann natürlich ewige Naturgesetze die logische Schlussfolgerung mit den daraus resultierenden Folgerungen: Energieerhaltung, Urknall... Ich gehe darauf in Evolution 3.0 genauer ein.

Wissenschaften sind glücklicherweise langfristig pragmatisch. Wenn ein (Urknall)Modell nicht mehr haltbar ist, wird es über Bord geworfen, vielleicht nicht heute oder morgen.....auch das Scheibenmodell der Erde hatte irgendwann einmal ausgedient. Bei den meisten Religionen (insbesondere den monotheistischen) sieht das ganz anders aus. Religionen waren eindeutig evolutionär, sie entwickelten sich. Im Laufe dieser Entwicklung entstand das Bild eines ewigen Gottes. Dieser Gott ist aber kein Modell, das man revidieren oder ändern kann. Dieser ewige Gott ist Zentrum und unabänderliches Dogma der Religionen zugleich (entsprechendes gilt auch für Polytheismus). Wie aber sollen wandlungsunfähige Religionen in einer sich wandelnden Welt überleben?

Wer meine bisherigen Ausführungen aufmerksam gelesen hat, wird feststellen, dass ich Religion als ein Produkt des menschlichen Geistes betrachte. Genau genommen handelt es sich also auch um eine Geisteswissenschaft. Der Unterschied zu den anderen Wissenschaften besteht nur darin, dass Religion rein spekulativ ist, weil sie sich nur mit den Themen beschäftigt, die als ‚unerklärbar' eingestuft sind, für die kein experimenteller Nachweis möglich ist. Etwas ‚Unerklärliches' kann nicht pragmatisch, sondern nur dogmatisch behandelt werden.

Dogmen sind aber mit einer evolutionären Denkweise unvereinbar. Ich habe deshalb für mich selbst eine völlig undogmatische Religion entwickelt, jenseits jedweder Glaubensbekenntnisse. Religion ist für mich die Beschäftigung mit Qualitäten und Werten, mit dem, was unvergleichbar ist. Diese völlig undogmatische Denkweise hat natürlich zur Folge auch wissenschaftliche Dogmen in Frage zu stellen!

1.2 Wissenschaft

Trotz meiner vorläufigen Bewertung von Religion als Geisteswissenschaft bleibt es sinnvoll, Religion und Wissenschaft separat zu betrachten. Allein die Feststellung, dass Religion dogmatisch sein muss, führt zu der Vermutung, dass Wissenschaft nicht dogmatisch sein darf! Eine pragmatische Wissenschaft widerspricht nicht der Feststellung Wolfgang Stegmüllers, dass man bereits an etwas glauben muss, um etwas anderes zu beweisen. Erst wenn man dieses ‚glauben' dogmatisiert, wird eine wissenschaftliche Vorstellung oder Annahme religiös!

Ein Dogma ist letztlich eine Annahme, die nicht in Frage gestellt wird und auch nicht in Frage gestellt werden darf! Die Tragweite dieser Gedanken war mir intuitiv immer bewusst, ist mir aber in dieser Deutlichkeit erst beim Schreiben dieser Zeilen klar geworden. In der Wissenschaft benutzt man gerne den Begriff *Erfahrungssatz*. Damit bezeichnet man Aussagen, die nicht bewiesen sind oder bewiesen werden konnten, bisher aber auch nicht experimentell widerlegt wurden. Wenn man einen Erfahrungssatz zum Dogma erhebt, also als unantastbar betrachtet, bekommt diese Aussage und alle aus ihr resultierenden Vorhersagen einen religiösen Charakter.

Warum ich diese Vorgehensweise als extrem fragwürdig betrachte, hat noch einen weiteren Grund. Religion befasst sich mit dem ‚Unerklärlichen', Aufgabe der Wissenschaft ist aber gerade das Erklären, das Verstehen. Eine historische Betrachtung des ‚Unerklärlichen' zeigt, dass dieses mit der Zeit immer mehr an Boden verloren hat, z.B. war bei den alten Ägyptern die Sonne noch göttlich. Obwohl wir seit der Antike auf dem Gebiet der Wissenschaft riesige Fortschritte gemacht haben, scheinen wir dem Geheimnis des Unerklärlichen keinen Schritt näher gekommen zu sein, im Gegenteil. Ich habe das Gefühl, dass mit jeder Erklärung neue Fragen auftreten, die vorher gar nicht relevant waren.

Die Tatsache, dass eine Erklärung neue Fragen aufwirft, ist charakteristisch für ein evolutionäres, ein offenes System. Diese neuen Fragen verbieten ein dogmatisches ‚so ist das!' und empfehlen ein eher pragmatisches ‚so kann es sein'. Unser Wissen scheint also offen zu sein. Lassen sich aus dieser Erkenntnis Rückschlüsse auf unsere Welt, auf unseren Kosmos ziehen? So banal oder weit hergeholt diese Frage klingen mag, so wichtig ist sie für unser Verständnis der Welt und wird sich wie ein roter Faden durch dieses Buch ziehen.

Der wesentliche Unterschied zwischen Religion und Wissenschaft besteht in der Herangehensweise an ein Problem: Religion bevorzugt den Glauben, Wissenschaft den Zweifel. Für Aspekte, die in der Frühzeit des Menschen den Religionen unterlagen, entwickelten sich in der Neuzeit eigene wissenschaftliche Bereiche. Mit dem Zusammenleben von Menschen und seinen Regeln befassen sich heute die Soziologie und Rechtswissenschaften, mit Moral und Ethik die Philosophie. Diese Wissenschaften unterliegen einem stetigen Wandel und erheben auch nicht den Anspruch auf Vollständigkeit.

Die Geisteswissenschaften müssen entwicklungsfähig sein, da sie von Menschen gemacht sind, die selbst ein Produkt der Evolution sind. Und wie ist das bei den Naturwissenschaften? Wie schon der Name sagt, liegt diesen eine Naturbeobachtung zu Grunde. Diese Beobachtungen werden im Laufe der Zeit immer genauer. Dadurch können Teile des Mikrokosmos sichtbar gemacht werden, die bisher verborgen waren.

Zu meiner Schul- und Studienzeit wurde Biologie gerne als Wissenschaft der lebenden Materie und Physik als die Wissenschaft der toten Materie bezeichnet. Dass Tiere und Pflanzen leben ist sein langem bekannt, aber erst seit Darwin weiß man auch, dass Leben einer Entwicklung unterworfen ist, dass gewissermaßen ‚Leben lebt'. Das ist das Thema des 2. Kapitels – Evolution 2.0. Daher ist die Vermutung nur folgerichtig, dass auch die ‚tote Materie' einer Entwicklung unterworfen ist, also nur ‚scheintot' ist Diese extrem langsame Entwicklung ist Thema des 3: Kapitels – Evolution 3.0.

Wenn sich sowohl das zu Beschreibende als auch das Beschreibende entwickelt, sich verändert, entsteht eine sehr komplexe und komplizierte neue Situation. Dadurch wird das Prinzip von Ursache und Wirkung völlig undurchsichtig. Betrachten wir den Fall der Soziologie. Aufgabe der Soziologie ist es, das Verhalten von Menschen in sozialen Gruppen zu beschreiben und zu erklären. Dieser Vorgang findet in unserem Gehirn statt und die Erkenntnisse ändern unser eigenes Verhalten in der Gruppe.

Dadurch wird ein Rückkopplungsprozess in Gang gesetzt, der das Ergebnis (Wirkung) eines Durchlaufs als Vorgabe (Ursache) des nächsten Durchlaufs benutzt. Da es sich sowohl bei Vorgaben wie bei Ergebnissen um Informationen handelt, sind Informationen beides, Ursache und Wirkung. Man verwendet deshalb auch gerne die Begriffe Wechselwirkung und Koevolution, die diesem Sachverhalt Rechnung tragen.

Eine Ausnahme bei den Wissenschaften stellt die Mathematik dar, die eine Zwitterstellung einnimmt. Sie ist einerseits eine Sprache, mit der sich Experimente klar beschreiben lassen, andererseits aber auch ein offenes Universum in sich, das sich verselbständigt hat und keinen Bezug zur Realität mehr erkennen lässt.

1.2.1 Mathematik

Mathematik besetzt in den Wissenschaften eine Sonderstellung. Ursprünglich als Hilfswissenschaft ins Leben gerufen, hat sie sich inzwischen zu einer eigenständigen Fachrichtung entwickelt. Ein Rückblick auf die Geschichte der Mathematik macht das deutlich. Angefangen hat es vermutlich damit, dass man etwas abzählen wollte oder musste und dazu wurden zunächst einmal Zahlen benötigt, mit der zugehörigen Reihenfolge. Bei kleinen Mengen lässt sich die Anzahl noch leicht abschätzen, bei größeren Mengen ist abzählen unvermeidlich. Wettbewerb und die damit verbundenen Vergleichsoperationen benötigen Aussagen wie mehr oder weniger.

Der nächste Schritt ist natürlich Addition und Subtraktion. Mit dem Tauschhandel wird auch die Multiplikation sinnvoll. (Wenn man für 1 Schaf 5 Hühner bekommt, wie viele Hühner bekommt man dann für 8 Schafe?). Dass die Multiplikation keine Selbstverständlichkeit war, kann man am römischen Zahlensystem erkennen. Es ist für Multiplikation ungeeignet und wurde deshalb durch ein Dezimalsystem ersetzt. Mit der Einführung des Geldhandels wurden auch Division, Dreisatz und Prozentrechnung aktuell. Mathematik orientierte sich an den Problemen, die es zu lösen gab. Dieser Prozess setzte sich mit der Einführung trigonometrischer Funktionen oder der Infinitesimalrechnung durch Newton und Leibniz fort. Anwendungen dafür gab es in der Navigation oder der Physik.

Nur irgendwann einmal wurde die Mathematik autark, aber wann? Vermutlich war es ein schleichender Prozess. Sind Subtraktion und negative Zahlen rein rechnerisch verständlich, ist es ein negativer Apfel schon weniger. Imaginäre und komplexe Zahlen sind die Produkte mathematischer Operationen.

Gibt es dafür auch Äquivalente in der realen Welt? Aus einer Hilfswissenschaft, die für die Beschreibung komplexer Zustände oder Prozesse entwickelt wurde, entsteht wie ein Phoenix aus der Asche eine eigenständige Wissenschaft, die an Komplexität vermutlich die reale Welt weit übersteigt.

Am einfachsten lässt sich das am Beispiel der Infinitesimalrechnung verdeutlichen. Dank dieser lässt sich ein Prozess, eine Funktion in beliebig kleine Schritte unterteilen, sie ist die Grundlage der Differential- und Integralrechnung und der Funktionentheorie. In der Natur beobachten wir aber eigentlich nur diskrete Ereignisse, die nicht teilbar sind, denken wir nur an Zellteilung, radioaktiven Zerfall, Schwangerschaft... Zudem sind mathematische Funktionen grundsätzlich reversibel. Wenn in einer Funktion eine Größe nur als Quadrat auftritt, dann hat die Größe selbst zwei Werte, die sich nur im Vorzeichen unterscheiden. Mathematisch ist eine negative Zeit völlig unproblematisch, wir sollten aber Erinnerung und Vision nicht verwechseln.

Wenn man der Einfachheit halber annimmt, dass die kulturelle Evolution eine Million mal schneller ist als die biologische, dann kann z.B. die Mathematik in 200 Jahren die gleiche Komplexität erreichen für die die biologische Evolution 200 Millionen Jahre benötigt (eine kosmologische Evolution bräuchte für diese Komplexität sogar 200 Billionen Jahre). Dieses Beispiel soll verdeutlichen, wie schwer es ist, in unterschiedlichen Zeitskalen zu denken.

Ein wirklich aufregender Zweig der Mathematik ist die Logik, die viele Mathematiker zur Verzweiflung und einige in den Wahnsinn trieb. Erst 1931 bewies der österreichische Mathematiker Kurt Gödel mit seinem Unvollständigkeitssatz, dass es Aussagen gibt, die weder bewiesen noch widerlegt werden können. Einfach ausgedrückt kann man sagen, dass Logik und

Mathematik ein offenes System sind. Und genau diese Unbestimmtheit ist ein zentrales Element der Evolution.

Mathematik ist also ein evolutionäres System. Wir haben bereits festgestellt, dass es in so einem System Wettbewerb geben muss, damit eine gewisse Auswahl getroffen werden kann. Aber um welchen Wettbewerb handelt es sich bei mathematischen Fragen? In der Soziologie ist das klar, ihre Theorien werden an der ‚Wirklichkeit' gemessen. Wie gut können die Soziologen mit diesen Theorien das Verhalten von Gruppen vorhersagen? Als Experimentalphysiker habe ich die mathematischen Verfahren gewählt, die meine Versuchsergebnisse am besten erklären konnten. Ich war gezwungen, die sinnvollsten Möglichkeiten auszuwählen.

Wenn man eine komplexe Wirklichkeit beschreiben möchte, benötigt man komplexe Funktionen. Diese Funktionen beschreiben natürlich nicht die Wirklichkeit, bieten aber einen *short cut*, eine Abkürzung zum Ergebnis. Dadurch bekommt die Mathematik zwar einen Hauch von Göttlichkeit, verschleiert aber völlig den evolutionären Weg der Natur, der zu diesem Ergebnis geführt hat. Es ist etwas völlig anderes, ein Ergebnis zu berechnen oder einen evolutionären Prozess zu erklären. Letzterer besteht aus vielen, sehr vielen diskreten Schritten. Die mathematische Berechnung verwendet eine homogene Funktion, die diese Schritte möglichst genau mittelt.

Die Erfolge der Mathematik sind dabei so verblüffend, dass einige Wissenschaftler geneigt sind, eine Wirklichkeit zu konstruieren, die der Mathematik genügt und nicht mehr umgekehrt. Was man mit höherer Mathematik und Computern alles erdenken kann, zeigen beispielsweise die elfdimensionale Stringtheorie, das Inflationsmodell oder das Standardmodell der Festkörperphysik.

Sinngemäß sagte Albert Einstein einmal, dass er nicht besorgt sei, wenn Computer so denken könnten wie Menschen, wohl aber, wenn Menschen so denken würden wie Computer. Computer sind als Gralshüter des Wettbewerbs denkbar ungeeignet, sie können Ergebnisse zwar speichern, aber nicht bewerten, sie können Gleichungssysteme mit zwanzig frei wählbaren Konstanten modellieren, aber nicht deren Sinn erfassen.

Diese Liste lässt sich fast beliebig fortsetzen und auch der Kreativität der Mathematiker sind keine Grenzen gesetzt immer abstraktere Theorien zu entwerfen. In dieser Hinsicht lässt sich Mathematik durchaus mit Kunst vergleichen. Möglicherweise bin ich ein Kunstbanause, aber beim Anblick einer Leinwand mit mehreren Farbklecksen darauf und dem vielsagenden Titel *Kunst 7* sind Zweifel wohl berechtigt. Wenn sowohl Bild als auch Titel einen so hohen Grad der Abstraktion erreicht haben, werden Beurteilungen bedeutungslos. Lautete der Titel dagegen *Emotionen 5*, ließe sich wenigstens ein Bezug zu den Gefühlen des Malers vermuten.

Dieser Vergleich von Mathematik und Malerei erscheint im ersten Moment merkwürdig. Es bedarf daher einer näheren Erläuterung. Kunst unterliegt nur einem Wettbewerb, wenn sie verkauft oder ausgestellt werden soll, andernfalls sind dem Künstler alle Freiheiten gestattet. Er kann sich immer darauf berufen, seine Visionen darzustellen.

Mathematik darf man aber nicht mit Farbklecksen vergleichen, sondern eher mit abstrakten Bildern, die durch Vollkommenheit, Schönheit und Harmonie bestechen. Man liebt diese Bilder letztendlich um ihrer selbst willen, vielleicht weil man sich die Welt genau so wünscht, wie es der Eindruck dieser Bilder vermittelt.

1.3 Kunst und Rückkopplung

Kunst stellt einen ganz besonderen Teil der kulturellen Evolution dar. Da ich mich selbst weder als Kunstexperten noch Kunstkenner bezeichnen würde, bitte ich um Nachsicht, falls ich Aspekte der Kunst in einem falschen Licht darstellen sollte. Aus diesem Grund liegt mir der Zugang zur Kunst über die Mathematik verständlicherweise näher. Ich denke aber, dass die Befriedigung, die ein Maler empfindet, wenn er das richtige Farbspektrum gefunden hat, oder ein Musiker, wenn er den richtigen Ton oder die erträumte Melodie komponiert hat, sich nicht so sehr von der unterscheidet, die einen Mathematiker oder Physiker ergreift, wenn ihm eine besonders elegante Lösung eines Problems gelungen ist.

In diesem Zusammenhang möchte ich den Teil der Kunst außer Acht lassen, der sich in die Kategorien Gesellschaftskritik oder Protest einordnen ließe. Bei dieser Kunst steht natürlich der Inhalt im Vordergrund und die Form ist daher zumeist aggressiv. Da Missstände aufgezeigt oder angeprangert werden sollen, ist diese Kunstform aus evolutionärer Sicht eher kurzlebig, da wir Probleme möglichst umgehend gelöst sehen wollen.

Langlebige Kunst muss einen Zugang zu unserem Gedächtnis finden und dort für speicherwürdig erachtet werden. Ich denke dabei besonders an Melodien, die einem nicht aus dem Kopf gehen oder an Bilder, die vor dem inneren Auge kaum verblassen. Kunst sollte also im weitesten Sinne unserem Ideal von Schönheit entgegenkommen. Schönheit ist eine Qualität. Von uns Menschen wissen wir, dass Schönheit bei der Paarung einen Wettbewerbsvorteil bietet, wir wissen aber auch, dass sich ein Schönheitsideal kaum fassen lässt, es ändert sich sowohl von Ort zu Ort als auch von Zeit zu Zeit.

Wir haben also auch in der Kunst einen Rückkopplungsprozess, Schönheit ist sowohl Antrieb als auch Produkt eines Entwicklungsprozesses, ähnlich, wie wir es bereits beim Gedächtnis gesehen haben. Es gibt aber einen Unterschied, der nicht vernachlässigbar ist. Ein besseres Gedächtnis bedeutet mehr Speicherplatz und das lässt sich mit Größe, mit Komplexität erreichen, ist folglich quantifizierbar.

Bei Schönheit scheiden sich allerdings die Geister. Existiert absolute Schönheit? Ein religiöser Dogmatiker wird diese Frage bejahen, für ihn handelt es sich dabei um diese göttliche Vollkommenheit, die letztlich das Ziel aller Entwicklung sein muss. Ein Pragmatiker wird einwenden, dass Schönheit relativ ist, zwar ein Motor der Evolution, aber unerreichbar. Vollkommenheit würde schließlich den Motor der Evolution abwürgen und diese somit zum Stillstand bringen.

Ich betrachte mich selbst als Pragmatiker. Möglicherweise beruht das auf einem Mangel an Phantasie, aber da ich selbst ein Kind der Evolution bin, liegt es mir näher, diese verstehen zu wollen, als an ein für mich unvorstellbares Schönheitsideal zu glauben. Deshalb möchte ich hier ein evolutionäres Schönheitsmodell skizzieren. Da für mich als Mann die Schönheit von Frauen besonders attraktiv ist, muss es einen Grund dafür geben, warum sich dieses Idealbild im Laufe der Geschichte verändert hat. Eine denkbare Erklärung könnte die Bevölkerungsdichte liefern. Bei Unterbevölkerung ist eine hohe Geburtenrate optimal, bei Überbevölkerung nicht.

Abstrahiert man diese Überlegung, kommt man zu der Erkenntnis, dass Ressourcenreichtum Quantität bevorteilt, Ressourcenknappheit dagegen Qualität. Schönheit als Qualität hat also ihre Zeit und wird von den Anforderungen dieser Zeit geprägt. Schönheit ist kein Ziel, sondern Zweck der Evolution!

Wie man leicht erkennen kann, ist diese Betrachtungsweise mit kultureller Evolution alleine nicht zu rechtfertigen oder zu erklären. Ich musste die biologische Evolution für diesen Gedankengang mit einbeziehen. Vor Darwin war diese Denkweise den Menschen fremd. Wenn man Schönheit nicht als Wettbewerbsvorteil erkennt, bleibt nur eine göttliche Erklärung.

Diese Vorstellung von Schönheit, Vollkommenheit als letztes, göttliches Ziel hat sich im Laufe von Jahrhunderten in der menschlichen Kultur so stark eingeprägt, dass es möglicherweise ähnlich lange dauern wird, diese Vorstellung wieder abzulegen. Der Kern fast aller Religionen ist ein göttliches Schönheits- oder Vollkommenheitsideal, dem es gilt zuzustreben. Selbst in unserer Alltagssprache wird der Begriff göttlich für etwas herausragend Schönes oder Vollkommenes verwendet.

Es ist somit nicht verwunderlich, dass auch die Mathematik wegen ihrer Eleganz mit diesem Prädikat belegt wurde. Insbesondere religiösen Wissenschaftlern lag deshalb auch immer eine harmonische und elegante Beschreibung der Welt am Herzen. Mathematik beschäftigt sich mit Gleichungen, Gleichungssystemen und Funktionen, deren Aufgabe es ist, Ereignisse vorherzusagen. Diese Vorhersagbarkeit ist ein Ansporn unseres Denkens. Bei einem Ideenwettbewerb werden die Vorschläge am höchsten bewertet, die zukünftige Entwicklungen möglichst genau vorhersagen. Diese bleiben im Gedächtnis erhalten (überleben), die anderen geraten in Vergessenheit (sterben aus).

Hier ist nun wohl der Punkt gekommen, sich der biologischen Evolution zuzuwenden, zumal häufig kulturelle und biologische Evolution so stark verwoben sind, dass eine Trennung praktisch unmöglich ist. Zudem benötigt Kultur biologische

Voraussetzungen, Kultur wird schließlich in unserem Gehirn, bzw. unseren Gehirnen, erzeugt und dass es einen Zusammenhang zwischen Kulturmöglichkeiten und Gehirnbeschaffenheit geben muss, ist sicherlich unzweifelhaft.

Kultur ist schließlich nicht auf den Menschen beschränkt Sie findet sich auch im Tier- und Pflanzenreich – nur weniger stark entwickelt. Dass Bäume beispielsweise besonders gut in Wäldern gedeihen, wo sie sich gegenseitigen Schutz bieten, kann oder muss man durchaus als Kulturgut betrachten. Im Tierreich findet man die verschiedensten Kulturformen vor. Von Ameisen, Termiten oder Bienen bis hin zu Elefanten, Delphinen oder Walen verfügen alle über Gedächtnis, Kommunikation und Rituale, die wir langsam begreifen und entschlüsseln können.

Fassen wir das bisher Gesagte noch einmal zusammen. Kulturelle Evolution genügt allen Kriterien, die ich im Vorfeld für eine evolutionäre Entwicklung gefordert habe. Man kann durchaus feststellen, dass in der Anfangsphase Religionen für das kulturelle Gedächtnis verantwortlich zeichneten. Die Einbindung vieler Individuen, Ritualisierung und Kanonisierung sind die Kennzeichen früher Kulturen. Selbst in der Moderne mit den Möglichkeiten der Datenspeicherung und Datenverarbeitung ist ein Verzicht auf Rituale nicht erkennbar.

Ich halte diese Tatsache für sehr bedeutsam. Trotz der Entwicklung sehr komplexer Kommunikationsformen und Datenverarbeitungsmethoden werden die ursprünglichen einfachen Prozesse weiterhin gepflegt und erhalten. Die Evolution muss sich wohl der Tatsache bewusst sein, dass eine höhere Komplexität auch eine stärkere Anfälligkeit zur Folge hat. Würde die Evolution alles auf eine Karte setzen, wäre diese Karte zum Erfolg verdammt.

Wie gerechtfertigt diese Befürchtungen sind, zeigen die diversen kulturellen Katastrophen, die sich in der Geschichte der Menschheit ereignet haben. Dazu gehört das Aussterben verschiedener Hochkulturen, ohne dass deren Wissen überliefert werden konnte. Beim Brand der berühmten Bibliothek von Alexandria wurde fast das gesamte antike Wissen vernichtet. Neben diesen tragischen Unglücksfällen müssen aber auch die vorsätzlichen diversen Bücherverbrennungen religiöser und sonstiger Fanatiker erwähnt werden.

Diese eingehende Betrachtung der kulturellen Evolution zeigt uns drei markante Merkmale, die es besonders herauszustellen bedarf:

1. Die kulturelle Evolution ist kein eigenständiges, losgelöstes (stand alone) Produkt, sondern benötigt die biologische Evolution als Grundlage und Wechselwirkungspartner.

2. Die kulturelle Evolution ist vielfältig oder mannigfaltig, sowohl in der horizontalen wie in der vertikalen Ebene. Als horizontale Ebene verstehe ich die gleichzeitige Ausbildung verschiedener Kulturen nebeneinander, als vertikale Ebene die gleichzeitige Verwendung unterschiedlicher Komplexitätsgrade. Erweist sich eine Komplexitätsstufe als zu anfällig, lässt sich ohne weiteres eine andere bilden.

3. Kultur entwickelt sich in Schüben und auch Rückschritte sind möglich. Ein Ziel, außer der Bildung eines größeren Gedächtnisses, ist nicht erkennbar. Jeder Schub, jeder Sprung vergrößert aber die Entwicklungsgeschwindigkeit. Als wesentliche Schübe der menschlichen Kultur betrachte ich die Sprache und die Schrift. Beide hatten den Effekt, dass sich Informationen schneller verbreiten konnten.

Lassen sich in der biologischen Evolution Parallelen finden?

2 Evolution 2.0 - Biologische Aspekte

Schwerpunkt dieser Aspekte ist nicht die Biologie, dazu fehlen mir die Kenntnisse, sondern die Evolution. Wir haben festgestellt, dass die kulturelle Evolution auf der biologischen Evolution basiert, ohne diese nicht denkbar ist. Für mich ergibt sich dabei folgende Frage: Kann die biologische Evolution eine eigenständige Kreation sein oder ist sie auf die Rückkopplung mit einer tiefer liegenden Evolution angewiesen?

Als eigenständige (stand alone) Kreation müsste man die biologische Evolution betrachten, wenn in unserem Kosmos unveränderliche, eherne Naturgesetze bestünden. In dem Fall wäre die biologische Evolution mit ihrem veränderlichen und sich ändernden Verhalten eine Neuerfindung und von der kosmischen Entwicklung völlig losgelöst. Das schließt auch jegliche Form der Rückkopplung aus, weil diese mit einem starren System ausgeschlossen ist.

Aus der Systemtheorie weiß man, dass ein System mit seiner Umwelt wechselwirken, kommunizieren muss, um überlebensfähig zu bleiben. Dabei ist diese Wechselwirkung durchaus kritisch, denn eine zu starre Wechselwirkung beeinträchtigt die Eigenständigkeit des Systems und eine zu lockere Verbindung kann zu Anpassungsschwierigkeiten führen. Es muss also eine ausgewogene Rückkopplung vorhanden sein, die gewährleistet, dass sich das System an die Umwelt anpassen kann.

Das ist der kritische Punkt. Diese Rückkopplung verändert nicht nur das System, sondern eben auch die Umwelt. Selbst wenn die Umwelt um viele Zehnerpotenzen größer ist als das System, muss eine Anpassungsfähigkeit der Umwelt gegeben sein. Einzige Ausnahme wäre eine unendlich große und mächtige Umwelt. Betrachtet man unser Universum, unseren Kosmos als Umwelt unserer Biosphäre, dann gibt es eigentlich nur zwei Alternativen. Entweder ist unser Kosmos unendlich und damit auch ewig (Steady State Theorie) oder er ist anpassungsfähig und somit evolutionär. Beide Modelle sind mit einem Urknall (Big Bang) nicht kompatibel.

Auf diesen Punkt werde ich noch einmal am Ende dieses Kapitels zurückkommen. Um es vorweg zu nehmen, ein ewiges und unendliches Universum würde das 3. Kapitel überflüssig machen.

2.1 Biologisches Leben

Einfaches biologisches Leben ist eine ‚Struktur', die dadurch gekennzeichnet ist, dass sie einen Bauplan besitzt und mit Hilfe von äußerer Energie (Nährstoffen) Ressourcen so aufbereitet, dass sie Kopien gemäß ihrem eigenen Bauplan herstellen kann. Überschüssige oder nicht verwendbare Nährstoffe können im Bedarfsfall wieder ausgeschieden werden. Als einfachste Struktur kann man sich also einen Verarbeitungstrakt (Verdauungstrakt) mit separatem Ein- und Ausgang vorstellen.

Diese Struktur kann aber nicht beliebig einfach sein. Nehmen wir beispielsweise ein Wasserstoffatom. Dieses kann zwar ein Photon aufnehmen und nach einiger Zeit wieder abgeben, es kann das Photon aber nicht verarbeiten. Wie wir wissen, sind für Verarbeitung und Umwandlung Molekülketten erforderlich. Als besonders geeignet erwiesen sich einfache Kohlenwasserstoffketten. Wasserstoff alleine reicht also nicht aus. Wir wissen auch, dass Wasserstoff zu Helium fusionieren kann und sich im weiteren Verlauf auch höherwertige Elemente bilden können.

Ein Bauplan ist eine Informationskette oder lässt sich als solche darstellen. Lebende Zellen und ihre Baupläne greifen auf sehr ähnliche Ressourcen zurück. Warum wundert mich das nicht und warum wundert es mich nicht, dass Kohlenstoff eine entscheidende Rolle spielt? Zwei Gründe halte ich für wichtig und beide hängen mit drei Raumdimensionen zusammen. Wenn ein Lebewesen einen Darmtrakt mit getrenntem Ein- und Ausgang besitzen soll, sind drei Dimensionen das Minimum. Ein zweidimensionales Wesen würde durch diese Anordnung getrennt. Wenn aber drei Dimensionen ausreichen, wären mehr Dimensionen schlicht unnötig. Es macht keinen Sinn, eine komplizierte Lösung zu wählen, wenn eine einfache verfügbar ist.

Andererseits ist Kohlenstoff auf Grund seiner Struktur sehr gut geeignet, Ketten mit unterschiedlichen Winkeln zu bilden. Eine zweidimensionale Kette käme dabei schnell an ihre Grenzen, dagegen kann eine dreidimensionale Kette bei kompakten Abmessungen eine enorme Datenmenge speichern. Interessant ist dabei, dass an einem Knickpunkt prinzipiell vier Möglichkeiten des Abbiegens bestehen: links, rechts, oben und unten. Und genau das lässt sich noch ziemlich einfach mit einer Mathematik auf Basis 4 bewerkstelligen, wie sie uns aus der Molekularbiologie (C, G, T, A) geläufig ist.

Drei Dimensionen scheinen für das biologische Leben eine notwendige und hinreichende Bedingung zu sein, aber warum waren schon vorher drei Dimensionen vorhanden oder überhaupt nötig? Warum sollte Gott oder die Evolution mehr Dimensionen vorsehen als benötigt werden? Eine mögliche Erklärung wäre zumindest die Vorstellung, dass unser Kosmos auch schon vor der Entstehung biologischen Lebens Gründe dafür hatte oder aber mehr Dimensionen für uns nicht relevant sind.

2.2 Fortpflanzung und Mutation

Das Prinzip der biologischen Fortpflanzung ist denkbar einfach. Ein einfaches Lebewesen, egal ob Pflanze oder Tier, muss eine Kopie von sich selbst erstellen, und zwar eine sehr genaue Kopie. Allein der Wettbewerb bewirkt schon, dass Erfolg von der Anzahl der erzeugten Kopien abhängt. Je mehr Kopien eine Struktur erzeugen kann, desto erfolgreicher ist sie. Eine Struktur benötigt zunächst gar keine anderen Fähigkeiten, als viele Kopien erzeugen zu können. Vermehrung ist somit sowohl Ziel als auch Mittel.

Voraussetzung ist natürlich, dass genügend Rohmaterial für Kopien zur Verfügung steht. Aber wie kann die Struktur erreichen, dass eine identische Struktur entsteht? Es ist einleuchtend, dass eine willkürliche Zellteilung keine identischen neuen Zellen erzeugen wird. Hier kommt ein Begriff ins Spiel, der uns auch in der Informationsübermittlung und Kommunikationstechnologie begegnet: *Komplementarität*. Informationsaustausch benötigt einen Sender und einen Empfänger. Sender und Empfänger können durchaus ihre Rollen tauschen, aber für eine einzelne Informationsübertragung sind die Rollen festgelegt. Damit diese fehlerfrei vonstatten gehen kann, müssen sich Sender und Empfänger ‚verstehen', sie müssen komplementär sein!

Überträgt man diesen Gedankengang auf eine einfache Struktur, wäre es phantastisch, wenn diese Struktur aus komplementären Bausteinen bestünde. Wir stellen uns einfach zwei komplementäre Bausteine ‚1' und ‚0' vor, die sich gegenseitig mögen, aber nicht so sehr die Bausteine der gleichen Art. Aus der Physik wissen wir, dass sich entgegengesetzte Ladungen anziehen, gleiche Ladungen aber abstoßen. Könnte also Baustein ‚1' so aufgebaut sein, dass er eine positive Überschussladung enthält und der Baustein ‚0' eine negative, wären wir unserer Aufgabenstellung einen Schritt näher.

Stellen sie sich eine einfache Informationskette vor, die folgendes Aussehen hat:
    A: 1 – 1 – 1 – 0 – 0 – 1 – 0 – 0

Auf Grund der Valenzen könnte sich die folgende Kette ankoppeln:
    B: 0 – 0 – 0 – 1 – 1 – 0 – 1 – 1

Wir erkennen, dass A und B komplementär sind. Aneinandergekoppelt hat die Zelle folgendes Aussehen:
    1 – 1 – 1 – 0 – 0 – 1 – 0 – 0
    0 – 0 – 0 – 1 – 1 – 0 – 1 – 1

Trennt man diese Struktur waagerecht in der Mitte durch, entstehen nach Anlagerung der Komplementäre zwei identische Zellen. So einfach die Logik der Zellteilung erscheint, so komplex ist deren biologische Umsetzung. Nur mit Wasserstoffatomen (positiv geladen) und negativ geladenen Elektronen lässt sich eine Kette A oder B wie oben dargestellt nicht realisieren. Auch lassen sich damit keine reproduzierbaren dreidimensionalen Strukturen erzeugen. Wie oben bereits erwähnt, werden dafür mindestens vier Bausteine benötigt.

Unsere DNA hat die Struktur einer Doppel-Helix, die eine beliebige Abfolge der vier Bausteine C, G, T und A enthält, wobei nur C und G oder T und A aneinander koppeln können. Allein die Komplexität dieser vier Bausteine zeigt schon auf, wie lange die Evolution benötigte, um der Forderung identischer Kopien zu genügen. Betrachten wir einmal einen willkürlichen Einzelstrang mit der Abfolge
    C – G – T – A – A – T – G – C,

dann kann die Doppel-Helix nur das folgende Aussehen haben:

C – G – T – A – A – T – G – C
G – C – A – T – T – A – C – G

Es ist offensichtlich, dass bei einer Trennung der beiden Stränge sich jeweils die zugehörigen Partner wieder andocken können und soweit alle Bausteine verfügbar sind, sich zwei identische Doppel-Helixe entwickeln können. Das ist das Prinzip der Zellteilung ohne auf die genaue Struktur der einzelnen Bausteine eingehen zu müssen. Es bleibt zu bemerken, dass unser Genom die Basis 4 verwendet, die man aber ohne weiteres auch binär darstellen kann, etwa wie folgt:

C = 00,   G = 11,   T = 01   und   A = 10

Schreibt man nun unser Beispiel der Doppel-Helix in dieser Form, so ergibt sich folgendes Bild:

00 – 11 – 01 – 10 – 10 – 01 – 11 – 00
11 – 00 – 10 – 01 – 01 – 10 – 00 – 11

Man erkennt sofort, dass nur eine 1 an eine 0 oder eine 0 an eine 1 ankoppeln kann, aber niemals eine 0 an eine 0 oder eine 1 an eine 1. Stellt man sich bildlich eine 0 als Öffnung und die 1 als den passenden Stift vor, dann entspräche die 00 einer zweipoligen Steckdose und die 11 dem zugehörigen zweipoligen Stecker. Zusätzlich existieren aber noch zwei Zwitter, die halb Dose und halb Stecker sind. Ich habe mit Bedacht diese Darstellung gewählt, um aufzuzeigen, dass bereits in unserem Genom für die Zellteilung eine Form von Dualismus oder Komplementarität zugrunde liegt.

Zellteilung oder Reproduzierbarkeit ist die Basis jeden Lebens. Kopierfehler lassen sich schon dadurch erklären, dass bei einer Zellteilung nur ein Baustein nicht in genügender Menge vorhanden ist. Es reicht schon, dass nur ein einziger Baustein fehlt. Reproduzierbarkeit (Leben) benötigt Fehlerfreiheit, theoretisch. Wenn diese unerreichbar ist, muss zumindest ein so hohes Maß an Fehlerfreiheit gewährleistet sein, dass die

Fehler vernachlässigbar sind. Zudem muss ein Mechanismus gefunden werden, der die Fähigkeit hat, kleine Fehler so auszubügeln, dass die Lebensfähigkeit erhalten bleibt.

Wenn die Reproduzierbarkeit sehr gut ist und die Reproduktionsrate sehr hoch, ergibt sich bald ein Problem. Es entstehen immer mehr Kopien, die alle um die gleichen Ressourcen wetteifern. Zwar werden einige Mutationen entstehen, aber das Hauptschlachtfeld ändert sich damit kaum. Um mehr Vielfalt und damit mehr Wettbewerb zu erreichen, muss neben der Zellteilung eine andere Form der Fortpflanzung gefunden werden. Irgendwann einmal war eine Alternative gefunden, die sexuelle Fortpflanzung.

Bei der sexuellen Fortpflanzung wird jeweils die Hälfte des Genoms von der weiblichen und der männlichen Seite beigesteuert. Dadurch wird die Vielfalt enorm vergrößert und der Wettbewerb deutlich gesteigert. Bei der Zellerneuerung kommt aber weiterhin die Zellteilung zum Einsatz.

Die sexuelle Fortpflanzung der biologischen Evolution lässt sich durchaus mit der Erfindung und Einführung der Sprache der kulturellen Evolution vergleichen. Beide kann man als eine Art Horizonterweiterung betrachten, weil sich durch beide das in Betracht kommende Umfeld enorm vergrößert. In beiden Fällen kann man von einer neuen Kommunikationsform sprechen und in beiden Fällen kommt es zu einer neuen Form von Wettbewerb. In der kulturellen Evolution entsteht neben dem Wettbewerb der Kulturen auch ein Wettbewerb ihrer Darstellungen. In der biologischen Evolution kommt zum Wettbewerb der Arten noch der Wettbewerb des Werbens hinzu, denn Männchen und Weibchen müssen sich schließlich möglichst vorteilhaft darstellen.

Es scheint ein Anliegen der Evolution zu sein, Wettbewerb auf möglichst vielen Ebenen anzufachen. Dadurch wird eine

Komplexität erreicht, die manchmal nur noch schwer zu durchschauen ist. Diesem vielschichtigen Wettbewerb kann nur durch Variabilität und Flexibilität auf allen Ebenen Rechnung getragen werden – genau das ist es, was Evolution ausmacht!

Biologische Evolution haben wir erst dann richtig verstanden, wenn wir auch den Werdegang zu uns Menschen richtig einordnen können. Unsere Komplexität ist eine <u>notwendige</u> Folge der Evolution, aber dass gerade wir Menschen dabei herausgekommen sind, ist purer <u>Zufall</u> und wir ‚verdanken' unsere Existenz unter anderem auch diversen kosmischen Katastrophen. Möglich war vieles, sehr, sehr vieles - das Ergebnis ist eine höchst unwahrscheinliche, aber sehr reale Menschheit. Dieser Tatsache sollte man sich immer bewusst sein, wenn man eine kosmische Evolution in Betracht zieht.

Wir haben auch gesehen, wie schwer es uns Menschen gefallen ist, die biologische Evolution zu verstehen - allein wegen des Zeitfaktors, sie ist mit bloßem Auge nicht zu erkennen. Man benötigt dazu z.B. prähistorische Funde, Tiefbohrungen oder genaue Altersbestimmungen. Viele dieser wissenschaftlichen Untersuchungen wurden erst in den letzten Jahrzehnten möglich. Daraus ergibt sich die Schwierigkeit, eine Evolution zu verstehen, die nochmals um einen sehr großen Faktor langsamer ist.

Es ist aber einen Versuch wert.

3 Evolution 3.0 - Physikalisch-chemische Aspekte

So wie ich die kulturelle und biologische Evolution beschrieben habe, hat in beiden Fällen eine langsame Entwicklung stattgefunden. Der Plan eines Kreuzfahrtschiffes oder des Menschen war nicht in situ angelegt, sondern hat sich sehr, sehr langsam entwickelt. Man kann durchaus die kulturelle Entwicklung vom Einbaum zum modernen Kreuzfahrtschiff mit der biologischen Entwicklung von Trilobiten zum Menschen vergleichen. Dabei ist zu bemerken, dass sowohl Einbäume als auch Trilobiten bereits einen hohen Evolutionsgrad besitzen, nicht am Anfang der Kette stehen!

Es hat sich gezeigt, dass die kulturelle Evolution auf der biologischen aufbaut und mit ihr wechselwirkt. Es besteht eine Form von Rückkopplung. Die Annahme ist daher naheliegend, dass auch die biologische Evolution auf einer anderen Form von Evolution aufbaut, die ich zunächst einmal als physikalisch-chemische Evolution bezeichnen möchte. Wir wissen, dass die höherwertigen Elemente des Periodensystems alle auf dem Wasserstoffatom aufbauen, sich also erst im Laufe der Zeit entwickelt haben.

Aus der Soziologie wissen wir beispielsweise, dass das Zusammenleben von Menschen auch von der Anzahl der Menschen abhängig ist. In kleinen Gruppen kommen andere Regeln zur Anwendung als in großen Völkergruppen. Die klassische Physik geht aber von festen Naturgesetzen aus. Was heute richtig ist, hat auch in der Vergangenheit und der Zukunft Gültigkeit. Obwohl Materie zunimmt, oder aus Energie entsteht, gelten immer die gleichen Gesetze. Sogar in einem Uruniversum, das nur aus Wasserstoff besteht, gilt die höhere Mathematik!?

Da sich in der Physik ein Erfahrungssatz, nämlich die Erhaltung der Energie, etabliert hat, muss dieser Erfahrungssatz dann auch gleich für den gesamten Kosmos gelten. Wohin dieser Schwachsinn führt, zeigt das Urknallmodell, das heutzutage schon fast dogmatisch vertreten wird. Warum ich dieses Modell als Schwachsinn bezeichne hat einen einfachen Grund. Da man eine Entstehung von Etwas aus dem Nichts kategorisch ablehnt, muss bereits die gesamte Energie unseres Kosmos beim Urknall in einem Punkt vorhanden gewesen sein. Aber, um Himmels (Gottes) willen, wo kam diese Energie her? Ich denke diese Frage ist berechtigt. Letztendlich verschiebt das Urknallmodell diese Frage nur ins Jenseits. Wenn eine Theorie nichts erklären kann, sondern nur Fragen verschiebt, verdient sie diesen Namen nicht.

Die wohl entscheidende Frage, warum es etwas gibt und nicht nichts, kann ich nicht beantworten. Darauf kann auch die Evolution keine Antwort geben. Evolution gibt Antworten auf das Werden, nicht auf die Frage nach dem Ursprung. In diesem Kapitel möchte ich nur darlegen, dass auch Physik und Chemie evolutionär betrachtet werden können - betrachtet werden müssen. Dann stellt unsere irdische Physik mit ihrer Energieerhaltung einen Spezialfall einer allgemeinen kosmischen Evolution dar, die ich in diesem Kapitel darlegen werde.

Wenn wir unserer bisherigen Vorgehensweise, jüngere Entwicklungen zu erst zu betrachten, treu bleiben wollen, müssen wir zunächst der Frage nachgehen, welche Voraussetzungen für die Bildung von Molekülketten gegeben sein müssen, um uns dann den Atomen und dem Periodensystem der Elemente zuzuwenden. Letzteres lässt sich als Verbindung von Chemie und Physik betrachten.

3.1 Molekülketten

Von der biologischen Evolution wissen wir, dass sich durch die Bildung von Molekülketten ein Gedächtnis vergrössern lässt. Daraus lässt sich schließen, dass einzelne Kettenglieder und deren Bestandteile, die Atome, Gedächtnis besitzen müssen.

Wenn wir Menschen eine Kette bilden, nehmen wir uns gewöhnlich an die Hand. Unsere Arme bilden dabei die Verbindungen zu den nächsten Kettengliedern. Da wir nur zwei Arme haben, links und rechts, lassen sich auf diese Weise wunderbar lineare Ketten bilden. Diese können zwar gebogen und in Ausnahmefällen sogar geschlossen sein, aber Verzweigungen sind unmöglich. In der Chemie werden die Arme Valenzen oder Wertigkeit genannt. Schon auf den ersten Blick lassen sich einfache Merkmale unterschiedlicher Valenzen erkennen. Das Wasserstoffatom hat nur einen Arm und ist daher zur Kettenbildung ungeeignet. Es kann nur Paare bilden oder an ein mehrarmiges Atom andocken.

Eine besondere Stellung nimmt das vierarmige Kohlenstoffatom ein. Man erkennt sofort, dass neben den zwei Valenzen, die für die Kettenbildung notwendig sind, zwei weitere Valenzen für Abzweigungen oder das Andocken von Wasserstoffatomen zur Verfügung stehen. Aus der Chemie wissen wir, dass Kohlenstoff hervorragend für die Ausbildung dreidimensionaler Strukturen geeignet ist.

Die einfachsten Kohlenwasserstoffe sind Methan (CH_4) und Ethan (C_2H_6), die gasförmig auftreten. Längere Ketten sind die Basis des Erdöls. Für die Informationsspeicherung in der DNA kommen die vier wichtigsten Nukleinbasen Adenin, Cytosin, Guanin und Thymin zum Einsatz. Dabei handelt es sich um heterocyclische organische Verbindungen.

Das Beispiel zeigt Adenin, mit der Summenformel $C_5H_5N_5$. Dieses Beispiel soll verdeutlichen, dass die Evolution möglichst einfache Lösungen sucht, aber dennoch eine gewisse Komplexität für ihre Aufgaben benötigt.

Für ein Gedächtnis ist schließlich nicht nur die Größe maßgeblich, sondern auch die Stabilität, die Fähigkeit etwas lange im Gedächtnis zu behalten. Nehmen wir zum Beispiel ein Wasserstoffatom mit einem positiv geladenen Kern und einer negativ geladenen Elektronenhülle (ein Elektron im Bohr'schen Atommodell). Nach dem von Einstein beschriebenen Photoeffekt kann ein Wasserstoffatom elektromagnetische Energie in Größe oder Form eines Photons aufnehmen, in der Elektronenhülle speichern (das Elektron wird angeregt) und dann wieder abgeben. Dieser Prozess entspricht aber genau der Definition eines Gedächtnisses: Information aufnehmen, speichern und wieder abgeben.

Auch wenn wir in unserer Alltagssprache etwas andere Vorstellungen von Gedächtnis haben, ist es durchaus sinnvoll, klein anzufangen. Ein Wasserstoffatom kann nur ganz wenige elektromagnetische Informationen, meistens nur eine, speichern und auch nur für einen nach unseren Maßstäben winzig kleinen Zeitraum. Was muss nun also die Evolution bewerkstelligen, um größere Informationsmengen längerfristig speichern zu können?

3.2 Periodensystem der Elemente

Diesen Fragen wollen wir jetzt nachgehen. Das Periodensystem der Elemente ist den meisten geläufig und jeder sollte in seiner Schulzeit schon einmal davon gehört haben. Mir genügt hier aber die Tatsache, dass sich die einzelnen Elemente durch die Anzahl der Protonen und Elektronen unterscheiden. Mir ist immer noch der Titel eines Buches von Hoimar von Ditfurth im Gedächtnis: *Im Anfang war der Wasserstoff.* Auch wenn das nicht wirklich der Anfang war, so kann man es zumindest als Anfang des Elektromagnetismus betrachten. Aber dazu später noch mehr.

Da das ‚einarmige' Wasserstoffatom zur Kettenbildung ungeeignet ist, kann in einem ersten Schritt zunächst die Verbindung von zwei Wasserstoffatomen zu einem Heliumatom stattfinden. Dadurch würde die Gedächtnisleistung verdoppelt. Das ist natürlich nicht ganz so einfach, denn wir wissen, dass sich zwei positiv geladene Atomkerne abstoßen. Zur Überwindung dieser Abstoßung wird eine stabile Verbindung, ein „Klebstoff" mit langfristigem, festem Halt benötigt.

Die verbindende Wechselwirkung (Kraft) muss größer sein als die abstoßende Kraft. Die Begriffe Kraft und Wechselwirkung werden in der Physik synonym verwendet. Die verbindende Wechselwirkung wird als Kernkraft bezeichnet, die abstoßende wird durch den Elektromagnetismus bewirkt. Damit ein Heliumatom stabil ist, sollte es energetisch günstiger sein als zwei Wasserstoffatome. Das klingt einfach, aber leider zu einfach. Bei dieser Konfiguration würden sich sofort und überall zwei Wasserstoffatome zu einem Heliumatom vereinigen und somit wäre Wasserstoff als Element völlig instabil und könnte gar nicht als solches existieren.

Die Evolution muss also einen Zustand erzeugen, in dem Wasserstoffatome stabil sind, unter bestimmten Voraussetzungen zu Helium fusionieren können und in dem dann das fusionierte Helium auch stabil ist. Klingt kompliziert, ist dann aber doch einfacher als man denkt. Stellen sie sich vor, dass sie zwei Kugeln haben, die sich abstoßen. Wenn sie diese in eine Sektschale werfen, deren Rand hoch genug ist, dann werden diese beiden Kugeln, zwar in einem gebührenden Abstand, in dieser Schale verweilen. Wenn sie jetzt diese Schale in eine Ebene einlassen, so dass sich beide Kugeln in der Schale unterhalb dieser Ebene befinden, der Rand der Schale aber oberhalb, dann haben sie die gewünschte Konstellation. Auf der Ebene können sich beliebig viele Kugeln befinden, ohne dass sie in die Schale gelangen können.

Physikalisch werden Barrieren und Niveauunterschiede durch unterschiedliche Energien dargestellt. Ein Heliumatom ist energieärmer (stabiler) als zwei Wasserstoffatome, d. h. bei der Fusion von Wasserstoff zu Helium wird Energie freigesetzt. Der Fusionsprozess selbst benötigt aber hohe Temperaturen (Energien). Diese sind vor allem deshalb erforderlich, weil ein Wasserstoffkern aus einem Proton besteht, der Heliumkern aber aus zwei Protonen und zwei Neutronen. Für die Fusion werden also noch zusätzlich zwei Neutronen benötigt. Der uns bekannteste Fusionsreaktor ist unsere Sonne, sie fusioniert kontinuierlich Wasserstoff zu Helium und die dabei entstehende Energie dient zur Aufrechterhaltung der zur Fusion nötigen Temperatur, aber auch als Energiequelle für weitere Aufgaben.

Ein ähnlicher Prozess mit den Wasserstoffisotopen Deuterium und Tritium findet in der Wasserstoffbombe statt, leider unkontrolliert und daher derzeit noch nicht wirtschaftlich nutzbar. Beim Urknallmodell wird mir nicht die Entstehung der riesigen Wasserstoffmengen im Universum klar. Schließlich wären zu Beginn so hohe Energien verfügbar, dass diese sogleich zu Helium fusionieren müssten.

Bei einem Evolutionsmodell entsteht als erstes Element zunächst einmal Wasserstoff. Warum überhaupt Wasserstoff entsteht, muss sich in irgendeiner Weise aus meinen oben ausgeführten Evolutionskriterien erklären lassen. Sternentstehung scheint heutzutage gut verstanden zu sein. Ich zitiere das Internet: *Die Sternbildung stellt keinen abgeschlossenen Prozess dar, sondern einen Vorgang, der immer noch andauert. Sterne entstehen gleichzeitig und in größeren Verbänden aus Gaswolken, welche den Raum zwischen den Sternen ausfüllen. Diese interstellaren Molekülwolken bestehen zum Großteil aus Wasserstoff.* Verantwortlich für die Sternbildung ist die sogenannte ‚Gravitationsinstabilität interstellarer Gaswolken'. *Wenn die Masse einer Wasserstoffwolke groß genug ist, so überwiegt die Eigengravitation der Gasmasse gegenüber dem entgegengerichteten Gasdruck und die Molekülwolke beginnt zu kontrahieren.*

Wie wir bereits gesehen haben, agieren Sterne (Sonnen) als Fusionsreaktor mit der Maßgabe, größere Verbände zwecks größerer Gedächtnisse zu erzeugen. Helium ist dabei nur die erste Stufe, im weiteren Verlauf entstehen immer größere Kerne mit mehr Wasserstoffkernen (Protonen). Das Ergebnis ist das Periodensystem der Elemente. Wichtig ist, dass die links unten stehende Zahl, die Ordnungszahl, die Anzahl der Protonen, also der Wasserstoffkerne angibt. Durch diese Ordnungszahl wird ein Element mit seinen Eigenschaften definiert.

Es ist leicht einsichtig, dass dieser Prozess nicht beliebig fortgeführt werden kann. Die Natur mag wohl den Begriff der Unendlichkeit nicht. Ab der Ordnungszahl, auch Kernladungszahl genannt, 84 werden die Elemente instabil, was sich dadurch bemerkbar macht, dass sie unter Abgabe von Energie

(Strahlung) in stabile Elemente zerfallen (radioaktiver Zerfall). Hier tritt ein typisch evolutionäres Problem zutage: Komplexität versus Stabilität! Die Evolution wünscht sich mehr Komplexität, wodurch aber Stabilitätseinbußen hingenommen werden müssen. Wettbewerb fördert natürlich stabile Produkte und Zustände. Was länger hält, stirbt weniger schnell aus.

Das Periodensystem enthält noch zwei weitere wichtige Informationen, die es zu betrachten gilt. Die links oben stehende Zahl gibt die Atommasse an. Vereinfacht ausgedrückt ist die Differenz von Atommasse und Ordnungszahl ein Hinweis auf die Anzahl der Neutronen im Atomkern. Man erkennt sofort, dass außer dem Wasserstoffkern alle anderen Kerne elektrisch neutrale Neutronen enthalten, deren Anzahl mindestens so groß ist wie die Anzahl der Protonen. Einen Grund dafür kann ich mir darin vorstellen, dass die Neutronen eine Art Puffer für die Protonen darstellen, damit sich diese nicht zu nahe kommen können. Wir haben bereits gesehen, dass die Kernkraft größer sein muss als die durch Elektromagnetismus hervorgerufene Abstoßung. Da letztere aber umgekehrt proportional dem Quadrat des Abstands ist, würde die Abstoßung bei extremer Annäherung ins Unendliche gehen, aber, wie bereits erwähnt, mag die Evolution wohl den Begriff der Unendlichkeit nicht.

Nach meinem Wissensstand ist der Elektromagnetismus sehr gut verstanden, aber nicht die Kernkraft. Sicher ist, dass sie nur eine extrem kurze Reichweite besitzen darf, die auf den Atomkern selbst beschränkt ist. Ich habe sie deshalb umgangssprachlich auch als Klebstoff bezeichnet. Klebstoff zeichnet sich dadurch aus, dass er benachbarte Teile fest miteinander verbindet, aber keine Fernwirkung hat.

Die andere wichtige Aussage des Periodensystems betrifft die Einteilung der Elemente in Gruppen. Diese Gruppeneinteilung folgt der Wertigkeit oder Valenz der Elemente. (Die Wertigkeit oder Valenz eines Atoms ist die maximale Anzahl von einwertigen Atomen [ursprünglich Wasserstoff und Chlor], die mit einem Atom eines chemischen Elements gebunden werden kann). Im Folgenden möchte ich mich auf die acht Hauptgruppen beschränken. Die einzelnen Gruppen unterscheiden sich durch den Aufbau der Elektronenhülle, die maßgeblich für den Aufbau der chemischen Verbindungen verantwortlich ist.

Das Bohr'sche Atommodell hat sehr zum Verständnis dieser Verbindungen beigetragen. Es hilft dem Verständnis, ist aber nur ein Modell. Bohr unterteilte die Elektronenhülle in Schalen, die er mit K, L, M... bezeichnete. Die Größe der Schalen wurde durch die sogenannten Edelgase vorgegeben, die keine Verbindungen eingehen oder eingehen wollen. Diese Edelgase stehen in der VIII. Gruppe und ihre Elektronenzahl entspricht vollen Schalen. Wegen der elektrischen Neutralität der Elemente müssen natürlich Protonen- und Elektronenzahl gleich sein. Schauen wir uns die drei ersten Edelgase an, Helium (2), Neon (10) und Argon (18), erkennen wir, dass die K-Schale mit 2 Elektronen voll besetzt ist und die L- und M-Schale jeweils mit 8. Wenn volle Schalen eine hohe Stabilität gewährleisten, sollten die Verbindungen bevorzugt werden, bei denen die Gesamtzahl der Elektronen vollen Schalen entspricht (Beispiel NaCl).

Es bleibt zu erwähnen, dass die folgenden Schalen N, O, P... größer sind als die L- und M-Schale. Aber auch bei diesen Schalen sind die äußeren 8er-Gruppen für den primären Verbindungsaufbau verantwortlich. Aus diesem Grund hat sich die Einteilung in 8 Hauptgruppen als sinnvoll erwiesen. Die Elemente der Gruppen I, II, III und IV besitzen in der äußeren Schale entsprechend ein, zwei, drei oder vier freie Elektronen, die man ja auch als Arme betrachten kann. Bei den Gruppen V,

VI und VII spricht man lieber von fehlenden als von freien Elektronen. Ein Element der VI. Gruppe benötigt beispielsweise zwei weitere Elektronen, um eine volle Schale zu erreichen. Bestes Beispiel ist Sauerstoff (O), der mit zwei Wasserstoffatomen eine volle Schale bilden kann (H_2O – Wasser). Man bezeichnet daher die Wertigkeit von Wasserstoff auch gerne mit 1+ und die von Sauerstoff mit 2–.

In der Quantenphysik werden die Schalen und ihre Größe durch Quantenzahlen repräsentiert, die einen Hinweis auf Besetzungs- oder Zustandswahrscheinlichkeiten geben. Die Quantenphysik beschreibt nur diese, nicht jedoch deren Ursache, die sich aus den Naturgesetzen ergeben sollte. Wenn man eine evolutionäre Entwicklung ausschließt und an den Urknall glaubt, muss natürlich schon jede Eventualität bereits dann festgelegt sein und genau das macht unsere Naturgesetze und damit unser Universum so unwahrscheinlich! Wenn mir ein Physiker erklärt, dass die Wahrscheinlichkeit unseres Universums in der Größenordnung von $1 : 10^{59}$ liegt, denke ich sofort, dass er seinen Beruf verfehlt hat. Selbst eine jungfräuliche Geburt ist wahrscheinlicher! Nach meinem Verständnis sind Wissenschaftler zuständig für das Mögliche, das Wahrscheinliche, Pastoren oder Himmelsprediger dagegen für das Unmögliche, das Unwahrscheinliche. Auch etwas Seltenes ist für einen Wissenschaftler natürlich möglich, aber kein Wunder.

Ich kann mich mit derartigen Vorstellungen nicht anfreunden. Die Wissenschaft des Unwahrscheinlichen ist doch eher die Evolution. Mir kommt dabei der Buchtitel von Richard Dawkins in den Sinn: *Climbing Mount Improbable*. Es macht daher durchaus Sinn, eine evolutionäre Herangehensweise zu versuchen.

Evolution und ihre Betrachtung fängt immer klein an. Betrachten wir einmal Wechselwirkungen oder Kräfte. Man muss davon ausgehen, dass schwächere Kräfte stärkeren Kräften vorausgehen. Wasserstoff und Elektromagnetismus sind sicherlich in einer früheren Phase entstanden als die höheren Elemente und die Kernkraft. Letztere ist eine Antwort, um die gegenseitige Abstoßung von Protonen zu überwinden.

Da nun die Gravitation wiederum um so viele Größenordnungen kleiner ist als der Elektromagnetismus, kann das nur bedeuten, dass dieser ein so viel späteres Produkt der Evolution ist und das wirft dann gleich zwei schwerwiegende Fragen auf:

1. Woraus bestand die Welt bevor es Wasserstoff gab?
2. Weshalb war Wasserstoff notwendig oder zumindest evolutionär sinnvoll?

Bevor wir uns diesen Fragen zuwenden, möchte ich eine evolutionäre Erklärung für die Entstehung chemischer Elemente versuchen. In einer reinen Wasserstoffwelt ist an ein Periodensystem überhaupt nicht zu denken. Ein Wasserstoff hat ein, wenn auch sehr kurzzeitiges, Gedächtnis und es ist daher das primäre Ziel, dieses zu vergrößern und eine stabile Variante zu etablieren. Erst wenn diese stabile Kooperative gefunden ist, machen weitere Kooperationen Sinn. Wir wissen nicht wie viele Versuche gescheitert sind bis die stabile Heliumkonstellation gefunden wurde, aber das ist ein generelles Problem einer evolutionären Rückblende. Auch in der Biologie sind uns nur die Fossilien erhalten geblieben, die besonders robuste Knochen oder Hartschalen hatten. Ähnlich ist es bei chemischen Elementen. Man kann nicht aus heutigen Beständen auf der Erde auf frühere Bestände im Kosmos rückschließen.

Es lässt sich aber vermuten, dass die Evolution im Besitz zweier stabiler Elemente eine neue Variante zur Komplexitätssteigerung probierte. Vielleicht hatte sich herausgestellt, dass die Elemente mit den Ordnungszahlen 3 bis 9 und 11 bis 17 in sich nicht stabil genug waren und man somit die Möglichkeit für Verbindungen und Moleküle bereitstellen musste. Das Vorhandensein der 8 Hauptgruppen deutet jedenfalls darauf hin. Aus evolutionärer Sicht macht es durchaus Sinn seine Strategien mit zunehmender Komplexität zu ändern, schließlich bietet eine zunehmende Komplexität Möglichkeiten, an die zuvor überhaupt nicht zu denken war.

Es ist schlichtweg unlogisch, eine Vorgehensweise, die sich bei der kulturellen und biologischen Evolution sehr gut bewährt hat, in der Physik und Chemie auszuklammern. In diesem Zusammenhang möchte ich auch darauf hinweisen, dass man eine physikalische Kraft oder Wechselwirkung durchaus als eine Kommunikationsform betrachten muss. Wenn beispielsweise eine Menschenmenge mit Gewalt zurückgedrängt wird, ist das gleichbedeutend mit der dringlichen verbalen Aufforderung an die Menge, sich zurückzuziehen.

Insofern muss man Gravitation, Elektromagnetismus oder Kernkraft als Kommunikation deuten. Nach der relativen Stärke dieser Wechselwirkungen zu urteilen, ist Gravitation die älteste. Da alle drei Kommunikationsformen bis heute erhalten sind und ganz unterschiedliche Aufgaben erfüllen, erscheint mir ihre Auffächerung eher vertikal. Sie stehen nicht im Wettbewerb untereinander, aber es müssen Rückkopplungen bestehen, es muss eine gegenseitige Beeinflussung vorhanden sein.

Als spätes Produkt der biologischen Evolution sind wir Menschen mit dem Elektromagnetismus sehr gut vertraut. Wir sehen ‚elektromagnetisch', unser Körper enthält Protonen, Neutronen und Elektronen. Aber was ist Gravitation?

3.3 Gravitation

Zwei Fragen hatte ich zuvor formuliert, deren Beantwortung ich jetzt versuchen möchte.

1. Woraus bestand die Welt bevor es Wasserstoff gab?
2. Weshalb war Wasserstoff notwendig oder zumindest evolutionär sinnvoll?

3.3.1 Die Vor-Wasserstoff-Ära

Wasserstoff ist nicht der Anfang, aber Bedingung für ein sichtbares Universum. Wir wissen, dass Gravitation auf Massen wirkt, aber nicht auf elektrische Ladungen und es ist anzunehmen, dass elektrische Ladung an die Existenz von Wasserstoff gekoppelt ist. Damit ist fast alles gesagt, denn praktisch alles, was wir über unseren Kosmos wissen, verdanken wir elektromagnetischen Messungen, egal ob es sich dabei um sichtbares Licht, Radiowellen oder Röntgenspektren handelt.

Eine evolutionäre Sicht der Welt muss unten anfangen, bei Null oder beim Nichts. Das Komplexe entwickelt sich aus dem Einfachen. Die ersten Elemente sind einfach und leicht, es werden nur ganz geringe Wechselwirkungen benötigt. Erst im Laufe der Entwicklung entstehen durch Kooperationen größere und schwerere Gebilde oder Strukturen, die dann auch entsprechend kräftigere Wechselwirkungen oder Kräfte benötigen.

Im Gegensatz zur derzeit von vielen Wissenschaftlern favorisierten Anschauung, die von einem Urknall, also der maximal möglichen Anfangsenergie ausgeht und somit eine Top-

Down-Erklärung anwendet, geht eine evolutionäre Erklärung den umgekehrten Weg: Bottom-Up.

Betrachtet man die relativen Stärken der drei bekannten physikalischen Kräfte, sieht man, dass die Gravitation ganz eindeutig, und um Längen, die schwächste Kraft ist. Allein der riesige Schritt zur nächststärkeren Wechselwirkung, dem Elektromagnetismus, macht deutlich, dass Gravitation für eine lange, eine sehr, sehr lange Zeit die einzige Wechselwirkung im Universum gewesen sein muss!

Es ist eigentlich erstaunlich, dass wir über diese Kraft so wenig wissen. Das liegt vor allem daran, dass wir Menschen ein sehr spätes Produkt der biologischen Evolution sind und diese stark durch den Elektromagnetismus geprägt ist. Wie wir bereits gesehen haben, sind chemische Bindungen und Verbindungen ohne unterschiedliche elektrische Ladungen undenkbar. Der Elektromagnetismus bewirkt ein sichtbares Universum und unser wichtigster Sinn machte sich das zunutze. Zudem existierten zum Zeitpunkt des Menschwerdens in unserem Universum bereits so riesige Massen, dass die Gravitation bereits eine völlig andere Dimension hatte. Daraus resultiert unser einziger Sinn, der auf Gravitation beruht, unser Gleichgewichtssinn.

Vielleicht sind diese riesigen Massen auch einer der Gründe, warum wir die Gravitation nicht verstehen. Ein anderer ist ganz sicher die Tatsache, dass die Gravitation um mehr als 30 Zehnerpotenzen kleiner ist als der Elektromagnetismus. Das Photon wird gerne als Austauschteilchen des Elektromagnetismus betrachtet und seine Ausbreitung ist durch die Lichtgeschwindigkeit c festgelegt. Im Grunde genommen wissen wir nichts über die Gravitation, aber wollte man sich Austauschteilchen der Gravitation vorstellen, müssten diese um die genannten Zehnerpotenzen kleiner und schneller sein als Photonen.

Wenn nun aber schon Photonen keine Ruhemasse haben, was kann dann die ursprüngliche Aufgabe der Gravitation sein? Die riesige Ausbreitungsgeschwindigkeit lässt vermuten, dass Entfernungen für die Gravitation praktisch keine Rolle spielen sollten. Aber wie lassen sich virtuelle Austauschteilchen der Gravitation vorstellen? Diese Teilchen müssten praktisch masselos sein, auch in Bewegung, es kann sich eigentlich nur um Gedanken oder Informationen handeln.

Grundsätzlich ist es die Aufgabe einer Wechselwirkung bei den Partnern eine Wirkung zu erzeugen, aber diese Wirkung sollte um über 30 Zehnerpotenzen kleiner sein als die Wirkung eines Photons, also die Planck-Konstante. Das ist natürlich eine gewagte Hypothese. Warum? Kleinste Informationsbits sollten ja nichts Ungewöhnliches sein, aber wie können sich aus einer Kommunikation winzigster Informationsbits Massen entwickeln, noch dazu die riesigen Massen, die unser heutiges Universum bevölkern? Nun, eins ist ziemlich klar, in 13,8 Milliarden Jahren lässt sich das nicht bewerkstelligen!

Evolution ist ein langsamer, ein sehr langsamer Prozess und Zeit hat bei einer evolutionären Betrachtungsweise eine ganz andere Bedeutung als eine mathematische Zeitdefinition. Evolution beruht auf Ereignissen, durchaus auch zufälligen Ereignissen, deren Zeitpunkt überhaupt nicht vorhersagbar ist. In einem so riesigen Universum, wie es unseres heutzutage darstellt, ereignet sich natürlich in einer einzigen Sekunde so viel, dass man fast von einem Kontinuum sprechen könnte, aber eben nur fast! Und genau in diesem Punkt unterscheidet sich eine fast kontinuierliche evolutionäre Zeit von einer tatsächlich kontinuierlichen mathematischen Zeit. Wenn man diesen Gedankengang ernst nimmt, erkennt man die Grenzen einer mathematischen Beschreibung unseres Kosmos. Zwar versucht man einige mathematische Beschreibungsprobleme dadurch zu umgehen, dass man Unendlich durch einen Grenzwert gegen Unendlich ersetzt, aber das ist nur ein Trick, der von der eigentlichen Problematik ablenkt.

Bevor ich den Versuch wage, einen Weg zur Entstehung von Masse zu skizzieren möchte ich zunächst ein grundsätzliches Problem klarstellen. Evolution kann ein Werden erklären, aber nicht den ursprünglichen Grund. Evolution kann eine Schöpfung beschreiben, die stattfindet und auch die kreativen Impulse, aber keinen Schöpfer. Ein wesentliches Element einer Evolutionstheorie ist aber die Unbestimmtheit oder der Zufall. Ein Pragmatiker würde diese Unbestimmtheit, den Zufall, für die Entstehung immer neuer Kleinstinformationen verantwortlich machen, für einen Dogmatiker ist das einfach Gott, der keiner Erklärung bedarf. An diesem Punkt kreuzen sich Pragmatik und Dogmatik: ***Zufall Gott***. Beides, sowohl Gott als auch der Zufall (Unbestimmtheit) entziehen sich unserer Urteilsfähigkeit.

Der Begriff der Unbestimmtheit durchzieht viele Bereiche moderner Wissenschaften. Man findet sie bei der Vererbung (biologische Evolution), in der Mathematik und Logik bei Kurt Gödel (kulturelle Evolution), aber auch in der Physik als Heisenbergsche Unbestimmtheitsrelation (Unschärfe). Das lässt den Schluss zu, dass auch die Physik einen evolutionären Charakter haben sollte. Der Begriff unbestimmt darf aber nicht mit dem Begriff unerklärlich verwechselt werden. Unbestimmt ist sehr viel spezifischer als unerklärlich. Etwas Unbestimmtes ist auch unerklärlich, aber nicht alles Unerklärliche ist auch unbestimmt. Historisch gesehen ist diese klare Unterscheidung noch sehr jung. Heisenbergs Unschärferelation stammt aus dem Jahr 1927, Gödels Unbestimmtheitssatz aus dem Jahr 1931. Unbestimmtheit als wesentliches Element der biologischen Evolution beruht zwar auf Darwins Erkenntnissen aus der zweiten Hälfte des 19. Jahrhunderts, ist aber erst viel später einigermaßen präzise formuliert worden. Ich selbst wurde erst durch die Bücher von Jacques Monod *Zufall und Notwendigkeit* und von Stephen Jay Gould *Zufall Mensch* auf diese Tatsache aufmerksam.

Während meines Physikstudiums (bis 1970) war nur die Heisenbergsche Unschärferelation behandelt worden. Sie besiegelt gewissermaßen den Bruch zur klassischen Newtonschen Physik. Ich kann mich nicht daran erinnern, in den Vorlesungen über höhere Mathematik auf Kurt Gödels Namen gestoßen zu sein oder dass in irgendeiner Vorlesung der Begriff des evolutionären Zufalls erwähnt wurde. Letzteres mag verständlich sein, denn J. Monods Buch erschien erst 1970 und S. J. Goulds Bücher erst in den 1980er Jahren.

Den Zufall, die Unbestimmtheit oder Unschärfe als eine treibende Kraft der Evolution zu sehen, ist also eine ziemlich neue Entwicklung und ich glaube, dass auch heute noch viele Physiker (wenn nicht die Mehrzahl) einen evolutionären Charakter dessen, womit sich die Physik befasst, ablehnen. Evolution erfordert ein offenes Universum und veränderliche Naturgesetze, aber genau diese beiden Forderungen erfüllt ein Urknallmodell nicht. Dieses basiert auf starren Naturgesetzen und beschreibt ein expandierendes, kein offenes Universum. Beim Urknallmodell ist gewissermaßen das gesamte Universum bereits zum Zeitpunkt des Urknalls in einem Punkt enthalten, zwar in einer anderen Form, als pure Energie, aber die Gesamtmenge ist festgelegt. Das bedeutet aber nichts anderes, als dass es einen Rand gibt, das Universum ist geschlossen!

Die Vorstellung eines geschlossenen Universums entspringt einer tradierten und immer weiter entwickelten Wissenschaftsethik. Um diese zu verstehen, müssen wir die historische Entwicklung betrachten. Im Gegensatz zur Religion wollte sich Wissenschaft auf das beschränken, was sich tatsächlich erklären lässt. Um Täuschungen auszuschließen, mussten Ergebnisse nachvollziehbar sein. Wissenschaftler mussten in der Lage sein, die Ergebnisse anderer Wissenschaftler zu verstehen und nachvollziehen zu können, letztlich mussten Ergebnisse reproduzierbar sein. Aber genau diese Bedingung, die Reproduzierbarkeit, drückt Experimenten und deren Ergebnissen einen Stempel auf. Reproduzierbarkeit erfordert zwingend eine Erhaltung der Energie. Solange die Reproduzierbarkeit der Ergebnisse gefordert wird, ist der Erfahrungssatz der Energieerhaltung nicht widerlegbar!

Um das zu erreichen, muss man bei physikalischen Experimenten die Randbedingungen konstant halten, man muss folglich einen Rand haben oder definieren. Es leuchtet ein, dass man die Ränder durchaus verschieben kann, indem man den untersuchten Raum vergrößert oder erweitert, aber ein Rand muss erhalten bleiben. Daraus lässt sich schließen, dass Energieerhaltung für ein offenes Universum, und nur für ein offenes, nicht zwingend ist.

Betrachtet man unser Universum hypothetisch als offen, Energieerhaltung also nicht als zwingend, dann dürfte man der Hubbleschen Rotverschiebung auch eine Energieänderung zu Grunde legen. Beim Urknallmodell war diese Option ausgeschlossen und die Rotverschiebung wurde mit dem Doppler-Effekt erklärt. Demnach müssen sich Galaxien umso schneller von unserer entfernen, je weiter sie entfernt sind. Kehrt man die Zeitrichtung um, mathematisch ist das ja möglich und korrekt, dann bedeutet das, dass sich alle Galaxien zu einem Zeitpunkt Null in einem Punkt befunden haben müssen, dem Urknallpunkt.

Für einen Mathematiker ist diese Vorstellung einleuchtend, als Naturwissenschaftler sollte man eigentlich gelernt haben, dass die Natur nicht <u>alles</u> macht, was mathematisch möglich ist. Zu meiner Studienzeit bestand das Hauptaugenmerk eines Physikers darin, zwischen den physikalisch sinnvollen und unsinnigen mathematischen Lösungen zu unterscheiden. Schon allein deshalb, weil man alle Modelle selbst rechnen musste und nicht Computer fütterte! Dem Computer ist es völlig egal, ob seine Berechnungen sinnvoll sind oder ob die Zeit vorwärts oder rückwärts läuft. Mathematik ist eine Kunstwissenschaft, keine Naturwissenschaft. Etwas charmant, oder uncharmant je nach Sichtweise, könnte man das so ausdrücken: Der Experimentalphysiker benötigt mathematische Lösungen für physikalische Anwendungen, der theoretische Physiker benötigt physikalische Anwendungen für mathematische Lösungen. Es lohnt sich schon, einmal darüber nachzudenken, warum sich der biologische oder der kulturelle Zeitpfeil nicht umdrehen lassen, dagegen beim physikalischen Zeitpfeil die Richtung keine Rolle spielen soll!

Gibt es einen Grund für diesen fundamentalen Irrtum? Ist nicht die Reproduzierbarkeit physikalischer Experimente Beweis genug für die Umkehrbarkeit des Zeitpfeils? Ist nicht die Erfahrung der Energieerhaltung ein ewiges Naturgesetz? Zur Beantwortung dieser Fragen möchte ich noch einmal auf die Hubblesche Rotverschiebung verweisen. Aus der Astronomie wissen wir, dass die Galaxie UDFy-38135539, die etwa 13,2 Milliarden Lichtjahre entfernt sein soll, eine Rotverschiebung von 8,9 aufweist. Wir wissen, dass rotes Licht energieärmer ist als weißes. Würde man diese Rotverschiebung energetisch deuten, hieße das, dass das Universum vor 13,2 Milliarden Jahren etwa um 8,9% energieärmer gewesen müsste als heute. Einfach ausgedrückt heißt das, dass die Energie unseres Universums um weniger als 1% in 1 Milliarde Jahre zugenommen hätte. Lässt sich solch eine Energieänderung überhaupt physikalisch nachweisen? Physikalische Experimente dauern gewöhnlich Sekunden oder Minuten, vielleicht Stunden, aber selten länger als einen Tag. Um wie viel würde sich bei den oben genannten Zahlen nun aber die kosmische Energie an einem Tag ändern? Um weniger als den 365 milliardsten Teil von 1%, das sind etwa 0,000000000003%. Abweichungen in dieser Größenordnung zu messen, ist für einen Experimentalphysiker utopisch. Das heißt aber nichts anderes, als das für einen Experimentalphysiker Reproduzierbarkeit gegeben und Energieerhaltung nicht widerlegbar ist.

Für einen Physiker im Hier und Heute ist Energieerhaltung folglich mit sehr hoher Genauigkeit gegeben. Daher wird sie gemeinhin nicht angezweifelt. Aber wir alle wissen, dass das Ganze mehr ist als die Summe seiner Teile, man kann und darf nicht von einem Teil auf das Ganze schließen. Manchmal kann schon der Schluss von einem Teil auf zwei Teile fatal sein. Erinnern wir uns nur an den Wasserstoffkern, das Proton. Ein Proton allein kann ganz anders betrachtet werden als zwei sich abstoßende Protonen.

Ähnlich sieht es wohl auch mit unseren irdischen, heute gültigen Naturgesetzen aus. Man kann davon ausgehen, dass sie in dieser Form auch in unserem Sonnensystem gültig sind, bestimmt auch in sehr, sehr guter Näherung in unserer Galaxie, aber wann wird die Diskrepanz so groß, dass man nicht mehr von einer Näherung sprechen kann? Ganz allgemein, wie weit darf man verallgemeinern, ohne dass die Vorstellung Schaden nimmt? Theoretische Physiker, die das Urknallmodell entwickelt haben, haben genau diese elementare und fundamentale Frage ausgeklammert. Ich kann diesen nur eine sehr naive religiöse Frömmigkeit zugute halten, denn Begriffe wie ewig, unendlich oder immerdar sind religiös geprägt und dogmatisch. Für unseren Alltag sind diese Begriffe nicht relevant.

Ich habe zuvor gesagt, dass die Ungültigkeit der Energieerhaltung an ein offenes Universum (System) gekoppelt ist. Aber wie kann man sich ein offenes System vorstellen, welchen Bedingungen muss es genügen und welche Schlussfolgerungen ergeben sich? Das sind drei Fragen, deshalb fangen wir gleich mit der ersten, der schwierigsten an. Ein offenes Universum lässt sich nicht vorstellen, genauso wenig wie das Nichts, mit dem es aber große Ähnlichkeit hat. Nichts ist etwas anderes als leerer Raum, denn bei letzterem existiert ja schon ein Raum, eine gewisse Zuordnung von (leeren) Punkten. In einem Raum lassen sich Koordinaten angeben, im Nichts nicht. Alles was wir uns vorstellen können oder könnten, sei es auch noch so abstrakt, gibt es nicht. Deshalb ist das Nichts im Grunde genommen nicht vorstellbar. Das Nichts hat folglich auch keinen Rand, keine Begrenzung, denn die wären ja wieder vorstellbar. So ähnlich ist das nun auch mit einem offenen System, nur dass sich da Etwas, das System, in dem Nichts befindet.

Da wir uns zumindest die Offenheit eines offenen Systems nicht vorstellen können, müssen wir wenigstens Bedingungen formulieren können, denen es genügen muss.
1. Ein offenes System (Universum) muss endlich sein. Unendlichkeit ist ähnlich wie das Nichts unvorstellbar und die Evolution lässt unendlich nicht zu.
2. Ein offenes System hat keinen Rand.

Diese Bedingung erscheint banal und harmlos, sie impliziert aber, dass es keine Randbedingungen gibt oder geben kann. Daraus lässt sich eine wichtige Schlussfolgerung ziehen, Da keine Randbedingungen formuliert werden können, ist der Forderung nach Energieerhaltung jede Grundlage entzogen. Energieerhaltung hat in einem offenen System keine Relevanz.

In unserer kulturellen Entwicklung können wir offene Systeme sehr gut nachvollziehen. Ein einfaches Beispiel ist der Einbaum. Für den Frühmenschen war der Einbaum bzgl. Schifffahrt das Maß der Dinge, aber wie wir an heutigen Kreuzfahrtschiffen erkennen können, ein sehr offenes System, was natürlich auch wieder auf unsere heutigen Schiffe zutrifft.

An diesem Punkt wird vielleicht deutlich, warum ich das Pferd von hinten aufgezäumt habe, mit der jüngsten Evolutionsform begonnen habe. Wir verstehen sehr gut, mit unserer Ideenwelt umzugehen und anscheinend muss bei einer evolutionären Entwicklung unsere Welt als Idee aus dem Nichts entstanden sein. Dieses Nichts verkörpert ja geradezu die Urform eines offenen Systems, das leer ist und keinen Rand hat.

An dieser Stelle, wenigstens für die nächsten Augenblicke, muss auf eine physikalische Denkweise verzichtet werden. Physik setzt bereits Zeit und Raum voraus, beides ist im Nichts nicht einmal definiert. Wir müssen hier also einen kleinen Exkurs in die Philosophie beginnen, der dann endet, wenn wir eine Vorstellung von Raum und Zeit gewonnen haben.

Wenn in diesem Nichts Störungen auftreten, die nicht als alleinstehende Ereignisse mit sehr begrenzter Lebensdauer aufgefasst werden wollen, dann müssen diese Störungen miteinander kommunizieren. Eine Störung kann man sich als Information vorstellen. Die Wechselwirkung zwischen Störungen kann also fast beliebig schwach sein, aber sie muss extrem schnell sein, denn die Lebensdauer einer Störung kann sehr, sehr kurz sein,

Bei diesen Gedanken spielt der Begriff der Reichweite zunächst gar keine Rolle, denn im Nichts ist weder Raum noch Entfernung definiert. Die Reaktionsfähigkeit der Kommunikation entscheidet darüber, ob eine Störung überhaupt kommuniziert werden kann. Es scheint ein generelles Prinzip zu sein, dass immer ein bestimmter Schwellenwert überschritten sein muss, damit eine Wirkung ausgeübt werden kann. Wenn wir uns vorstellen, dass die Kommunikation der Gravitation die schnellste Kommunikationsform überhaupt ist, dann wird durch sie eine Dauer definiert, unterhalb derer eine Störung nicht kommuniziert, nicht wahrgenommen werden kann. Diese Dauer lässt sich als kleinstmögliche sinnvolle Zeitdifferenz deuten. Das heißt nicht, dass es keine kürzeren Zeitintervalle geben kann, nur können diese nicht (durch Gravitation) kommuniziert werden. Besser gesagt: Uns ist bis dato keine Kommunikation bekannt, die noch kürzere Zeitintervalle erfassen könnte.

Man erkennt sofort, dass diese Vorstellung der Gravitation ganz weit von dem entfernt scheint, was wir heutzutage mit dem Begriff der Gravitation verbinden. Festmachen kann man diesen Unterschied an der Verschiedenheit von Sein und Werden. Unser heutiges Verständnis der Gravitation beruht auf der Gravitationskonstanten G, die ein Maß für die Massenanziehung ist. Damit können wir die makroskopischen Auswirkungen der Gravitationskraft sehr gut beschreiben, erzielen aber keinerlei Verständnis für den Mechanismus dieser Wechselwirkung. Sie ist da, sie ist messbar, es gibt eine mathematische Darstellung oder Formel, aber wir kennen nicht ihr Geheimnis.

Das erscheint ein durchgängiges Problem der Physik zu sein und hat durchaus historische Gründe. Da sich eine Energiezunahme des Universums bei einem physikalischen Experiment vielleicht in der 15. Nachkommastelle bemerkbar machen würde, ist sie bis heute für Experimentalphysiker nicht annähernd messbar. De facto lässt sich Energieerhaltung voraussetzen und sich daraus die Unveränderlichkeit der Naturgesetze ableiten. Der Begriff des Werdens ist somit gar nicht aktuell. Demnach existierten die Naturgesetze schon beim Urknall und

Änderungen wären höchstens von Urknall zu Urknall möglich. Der Grund solcher Überlegungen rührt aus der Tatsache, dass die Abstimmung der Naturkonstanten und Naturgesetze dermaßen feinjustiert ist, dass nur allergeringste Abweichungen das derzeit gültige Erklärungsmodell zusammenbrechen ließen.

Nach Meinung einiger Wissenschaftler liegt die Wahrscheinlichkeit für ein Universum wie unseres bei 1 : 10^{59}. Das heißt, dass sich bei der Vielzahl möglicher Naturgesetze und Naturkonstanten sich gerade die in unserem Universum vorherrschenden herauskristallisiert haben so unwahrscheinlich ist (10^{-59}). Eine Erklärung dieser Unwahrscheinlichkeit fällt Physikern schwer und so kommen ziemlich abstruse Theorien zustande. Eine ist die Multiversen-Theorie. Wenn es nur genügend Universen gäbe, in der Größenordnung 10^{60}, dann kann auch eins wie das unsere dabei sein. Nach einer anderen Vorstellung unterliegen ganze Universen der Evolution. Der Urknall ist die Geburt eines neuen Universums mit leicht veränderten Eigenschaften. Dann braucht man halt sehr, sehr viele Urknalle, oder noch besser: Urknäller!

Zusammenfassend lässt sich sagen, dass die moderne Physik das Sein unseres Universums sehr gut beschreibt und gute Vorhersagen machen kann, allerdings auf Kosten eines sehr unwahrscheinlichen Universums. Da man das Unwahrscheinliche aber evolutionär sehr gut erklären kann, stellvertretend dafür steht ein Buchtitel von Richard Dawkins *Climbing Mount Improbable*, ist Lee Smolins Vorschlag einer Evolution der Universen zwar verständlich, sie erklärt aber nichts, sondern verschiebt nur das Unwissen hinter den Urknall, gewissermaßen ins Jenseits.

All die letztgenannten Erklärungsversuche sind dogmatisch, gehören also nicht in den Bereich der Physik. Deshalb habe ich sie auch dem philosophischen Exkurs zugeordnet.

Dieser begann mit einer Vorstellung von Zeit und ist erst abgeschlossen, wenn wir auch eine Vorstellung von Raum und Materie oder Energie bekommen. Voraussetzungen für Physik sind Raum, Zeit und Etwas (z.B. Energie, Materie oder Information).

Stellen wir uns zunächst einmal zwei Störungen im Nichts vor, die miteinander kommunizieren. Eins ist dabei Voraussetzung: die beiden Störungen müssen in irgendeiner Form voneinander getrennt sein, denn sonst wäre es nur eine Störung. Sie müssen aber gleichzeitig oder zumindest zeitlich überlappend vorhanden sein, denn sonst wäre eine Kommunikation unmöglich. Nennen wir diese Trennung einfach Raum, ohne dass sich eine Entfernung beziffern ließe. Im Nichts gibt es keine Entfernungen!

Jetzt kommt aber der Knackpunkt, der möglicherweise ganz schwer zu verstehen ist: Die Kommunikationsgeschwindigkeit muss _endlich_ sein. Wir können jetzt von einer Geschwindigkeit sprechen, weil wir Raum und Zeit haben. Wir können diese aber zunächst nicht berechnen, da keine Entfernung definiert ist. Aber die Endlichkeit dieser Geschwindigkeit ist der wichtige Punkt. Wäre die Informationsgeschwindigkeit unendlich, würde alles gleichzeitig passieren, Ursache und Wirkung würden sich gegenseitig aufheben, es würde nichts passieren, es wäre einfach das Nichts.

So kommt man nebenbei zu einer ganz anderen Definition des Nichts: Im Nichts ist die Kommunikationsgeschwindigkeit unendlich!

Lassen sich aus einer endlichen Kommunikationsgeschwindigkeit Rückschlüsse auf die übermittelten Informationen ziehen? Ich denke, hier lässt sich der Gedankengang Einsteins für Photonen analog anwenden. Informationen müssen eine bewegte, eine träge Masse haben, die von der Informationsmenge abhängt.

Raum entsteht langsam, wenn mehr und mehr Störungen hinzukommen. Bei zwei Störungen gibt es nur einen einzigen Abstand, deshalb ist es sinnlos, diesem einen (Zahlen)Wert zuzuordnen. Bei drei und mehr Störungen kann man dann von relativen Abständen sprechen und jeweils den geringsten Abstand als Maßeinheit verwenden. Wenn nun sehr viele Störungen gleichzeitig miteinander oder mit möglichst vielen anderen kommunizieren möchten (sich verknüpfen möchten), sollten die Abstände zu diesen möglichst klein sein. Denken wir zurück an biologische Molekülketten, da schien eine dreidimensionale Anordnung sehr effektiv. Da spätere Entwicklungen gerne auf das zurückgreifen, was sich früher schon einmal bewährt hat, kann man davon ausgehen, dass der Grundstein unserer heutigen dreidimensionalen Welt schon an diesem Punkt gelegt wurde.

Damit können wir den kleinen philosophischen Exkurs beenden, denn wir verfügen nun über eine Vorstellung von Zeit, eines sich entwickelnden Raums und von Informationen, die eine gewisse Trägheit besitzen müssen. Zur Überwindung dieser Trägheit werden winzigste Energien benötigt, die von den Störungen bereitgestellt werden müssen.

Ursache dieser Störungen ist eine pragmatische evolutionäre Unbestimmtheit, der Zufall oder ein dogmatischer Gott. Letztlich sind Zufall und Gott Synonyme für etwas Unerklärliches, vor dem wir kapitulieren müssen. Ich muss immer wieder über Menschen schmunzeln, die sich selbst als Atheisten bezeichnen, weil sie den Begriff Gott durch Zufall oder Unbestimmtheit ersetzt haben. Mitleid empfinde ich aber für die sogenannten Kreationisten, die die Existenz von Zufall oder Unbestimmtheit kategorisch ablehnen, im Grunde genommen ihr Gehirn ausschalten.

Ich stelle dem Urknall, dem Jenseits eine evolutionäre Entwicklung der Naturgesetze in unserem Universum entgegen. Evolution erklärt das Unwahrscheinliche, ohne Urknall oder mehrere Universen, aber es bedarf einer Erklärung, wie sich die Gravitation entwickelt hat und wie und warum es eine Notwendigkeit für Elektromagnetismus gab. Ich weiß, dass ich diese Probleme nicht alleine lösen kann und eine Erklärung viel Phantasie benötigt.

Ganz ähnliche Entwicklungen haben wir übrigens auch in der kulturellen und der biologischen Evolution. Denken wir nur an Schrift (Kultur) und Fossilien (Biologie). Anhaltspunkte über eine belegbare Sprachentwicklung haben wir erst seit der Erfindung der Schrift oder der mit ihr verwandten Vorgänger. Bei Fossilienfunden gibt es einen ähnlichen Schnitt mit der Entwicklung von Panzern und Gliedknochen, die der Erosion von Millionen Jahren standhalten konnten. Wir können nur vermuten, wie Leben vor den Schalentieren aussah!

Ich möchte daher dem Elektromagnetismus in der Physik den gleichen Stellenwert zuschreiben, wie den Schalen in der Biologie oder der Schrift in der Kultur. Analogien beschreiben mehr, als Worte ausdrücken können. In diesem Fall erklärt sie, warum wir so wenig über die Vor-Wasserstoff-Ära wissen und wissen können. Auch wenn Erklärungsversuche rein spekulativ sein müssen, gibt es aber durchaus einige Vermutungen, die recht fundiert sind und die ich hier zusammenfassen möchte.

1. Die primäre Ursache einer so schwachen Wechselwirkung wie der Gravitation war vermutlich nicht die Massenanziehung, sondern eine Kommunikation zwischen extrem kurzen Störungen. Um dieser Störungen gewahr

werden zu können, bedurfte es einer extrem kurzen Ansprechzeit.
2. Durch Synchronisation konnten viele dieser Störungen gekoppelt werden. Diese Kopplung bewirkte, dass mehr und mehr Störungen einen Verbund bilden konnten, quasi eine schrittweise Gedächtnisvergrößerung. Eine Kopplung beruht auf Annäherung und möglicher Verschmelzung der Partner.
3. Wir wissen, dass sich Synchronisationen zumeist langsamer ausbreiten als die originären Partner. Man muss davon ausgehen, dass sich im Laufe der Zeit immer größere Informationsverbunde entwickelten, die aber zumeist flüchtig waren.
4. Es ist vorstellbar, dass bei zunehmender Größe der Verbände die Trägheit zunahm, woraus sich möglicherweise Masse ergab. Aus der Elementarteilchenphysik wissen wir, dass Neutrinos problemlos Materie durchdringen können. Neutronen können das nicht, sondern bilden selbst einen Baustein der Materie.

Aus diesen vier Punkten könnte man schließen, dass das Neutron eine Art Topprodukt der Gravitation sein könnte. Auf Grund der geringen Gravitationswechselwirkung entstehen Kooperationen auf Basis dieser Kraft sehr, sehr langsam und der Prozess ist somit ineffizient. Nun ist aber gerade Effizienz ein enormer Wettbewerbsvorteil. Diese Tatsache führt uns folgerichtig zu der zweiten am Anfang des Kapitels gestellten Frage. Weshalb war Wasserstoff notwendig oder zumindest evolutionär sinnvoll?

Das führt uns nachher direkt zum 2. Teil, der Wasserstoff-Ära.

Zuvor muss ich aber noch einmal ausführlich auf das Phänomen der Masse eingehen. Wir haben eine Vorstellung von Zeit und Raum erarbeitet, in denen Informationen ausgetauscht werden können. Zudem habe ich die Vorstellung eines sich entwickelnden, eines evolutionären Kosmos prognostiziert.

Evolution lässt sich aber nur verstehen, wenn man den Begriff der Koevolution verinnerlicht hat. Ich habe einmal bei einem bekannten Philosophieprofessor die Fragestellung gefunden, wie denn der Geist in die Materie gekommen sei. Diese Frage ist aus evolutionärer Sicht genauso naiv wie die bekannte Frage, was wohl zuerst da war, das Huhn oder das Ei.

Die Antwort auf diese Fragen liefert die Koevolution. Man kann unsere Kultur, unser Leben und unser Universum auf den Austausch von Informationen oder Wirkungen zurückführen. Informationsaustausch oder Austausch von Wirkungen lässt sich mit den Begriffen Kommunikation, Wechselwirkung oder Kraft beschreiben, die alle äquivalent sind. Eine Kommunikation oder Wechselwirkung benötigt aber Partner, die die Informationen austauschen. Koevolution beschreibt oder charakterisiert den Prozess, wie sich eine Kommunikation und ihre Partner gegenseitig beeinflussen und verändern. Im Laufe der Zeit werden beide, sowohl die Kommunikation als auch ihre Partner, an Komplexität hinzugewinnen. Es war also nicht erst die Materie da und dann der Geist (was ist eigentlich Geist?), sondern beide haben sich parallel entwickelt.

Nur so, mit Koevolution, lassen sich Gravitation und Materie erklären. Gravitation ist die Kommunikationsform und Materie repräsentiert die Kommunikationspartner. Der Urahn heutiger Materie ist somit eine Störung im Nichts, die sich aber auch als Information interpretieren lässt.

Damit Informationen wahrgenommen werden können, muss man ihnen eine gewisse ‚Trägheit' zuschreiben und genau diese Trägheit impliziert eine endliche Kommunikationsgeschwindigkeit. (Eine unendliche Kommunikationsgeschwindigkeit entspricht einer zeitlosen Welt ohne Kausalität, dem Nichts.)

Verfolgt man diesen Gedankengang konsequent weiter, müsste mit zunehmender Informationsmenge auch die Trägheit zunehmen und entsprechend die Kommunikationsgeschwindigkeit abnehmen. Damit sich überhaupt komplexe Informationscluster bilden können, muss eine gewisse Affinität, eine gewisse Kooperationsbereitschaft der Informationen untereinander bestehen, letztendlich die Urform unserer heute messbaren Gravitationskräfte.

Wenn die Vermutung richtig ist, dass die Informationsgeschwindigkeit mit zunehmender Trägheit (Masse) abnimmt und sich Entfernung eigentlich nur über ein Kausalitätsprinzip verstehen lässt, dann erkennt man sofort, dass Entfernung nur ein relativer Begriff sein kann, und zwar relativ zu der jeweiligen Informationsgeschwindigkeit und somit abhängig ist von den zu Grunde liegenden Informationsmengen.

Eine ‚geeichte' Informationsgeschwindigkeit ist demnach nur möglich, wenn konstante Datenmengen übertragen oder kommuniziert werden.

Das führt uns direkt zum Elektromagnetismus und dem Planckschen Wirkungsquantum.

3.3.2 Die Wasserstoff-Ära

Bis zu diesem Punkt, wo die moderne Wissenschaft erst anfängt, sind nach meiner Vorstellung bereits mehr al 30 Zehnerpotenzen von Kooperationen, von Zeit, oder wie immer man es nennen möchte, vergangen. Wenn man Kooperationen beschleunigen möchte, wenn man schneller zu größeren Gedächtnissen kommen möchte, dann benötigt man schlicht und einfach eine stärkere Kraft, eine effektivere Kommunikation, also eine neue Wechselwirkung.

Welches Potential in einer neuen Kommunikationsform steckt, mag man an unserer Sprache ermessen. Aber auch die Sprache unterlag und unterliegt weiterhin einer evolutionären Entwicklung, doch durch sie wurde eine Tür in eine neue Dimension aufgestoßen. Als Verfechter einer evolutionären Entwicklung muss ich beim Elektromagnetismus eine ähnliche Entwicklung zugrunde legen.

Für die Bildung elektrischer Ladungen müssen anscheinend gewisse Voraussetzungen erfüllt sein. Wie bei jeder Kommunikation (Sender und Empfänger) muss die Bedingung der Komplementarität erfüllt sein. Wir bezeichnen das heute als positive und negative Ladungen. Zudem muss ein Schwellenwert an träger Masse, an permanentem Gedächtnis, erreicht sein, damit die Ladungen nicht flüchtig sind. Es ist durchaus denkbar, dass auch schon Gedanken winzigste elektrische Ladungen beinhalten, aber wie wir später sehen werden, ist der von uns heute beobachtbare Elektromagnetismus an eine bestimmte Wirkung, die Planck-Konstante h gekoppelt.

Schwellenwerte sind ein wichtiges Merkmal evolutionärer Entwicklungen. Evolution lässt sich ganz allgemein als Entwicklung vom Einfachen zum Komplexen beschreiben. Erst ab einer bestimmten Kooperationsstufe (Schwellenwert) bilden sich neue Eigenschaften heraus (Emergenz). Glücklicherweise ist es nicht ganz so einfach. Komplexität hat auch ihren Preis: Stabilität, oder besser gesagt mangelnde Stabilität. Das bedeutet im Prinzip nur, dass nicht jede Kooperation erfolgreich oder erfolgversprechend ist oder sein muss. Für die richtige Auswahl stabiler Kooperationen sorgt der Wettbewerb.

Eine stabile Kooperation zeichnet sich zunächst einmal durch eine eigene, spezifische Kommunikation aus. Solch eine Kommunikationsform muss aber keine unbegrenzte Lebensdauer haben, sondern kann durchaus durch eine andere Kommunikation ersetzt werden. Wichtig ist dabei, dass man versteht, dass Wettbewerb nicht nur auf der horizontalen Ebene stattfindet, also zwischen Strukturen mit ähnlicher Komplexität, sondern auch in der vertikalen Ebene, also zwischen ganz unterschiedlichen Komplexitätsgraden.

Langfristig überleben nur die stabilsten Kommunikationsformen und zu denen gehören in der Physik eindeutig die Gravitation und der Elektromagnetismus. Dabei kann es bei der Gravitation durchaus möglich sein, dass sie in der Lage ist, einen ganzen Strauß von Anwendungen abzudecken. Das macht eine Kommunikation natürlich besonders wertvoll und langlebig, wenn sie in der Lage ist, sich den gegebenen Anforderungen anzupassen, also später Aufgaben wahrzunehmen, für die sie ursprünglich gar nicht konzipiert war.

Man kann, wie gesehen, Gravitation und Masse als Partner einer Koevolution betrachten. Das entspricht genau dem Rückkopplungsprinzip, das sich in jeder Evolution finden lässt (Autopoiesis, ein sich selbst verstärkendes Prinzip). Mit zunehmender Informationskopplung sollte die Trägheit zunehmen und die Kommunikationsgeschwindigkeit abnehmen. Nach dieser Vorstellung gäbe es gar keine einheitliche Gravitationsgeschwindigkeit, sondern ein ganzes Spektrum mit einigen möglichen Präferenzen. Wenn nun aber schon ein ganzes Kommunikationsspektrum vorliegt und sich eine neue, energiereichere Kommunikation entwickelt, sollte sich diese von der alten differenzieren, denn eine Vermischung zweier Kommunikationen mit unterschiedlichen Aufgabenbereichen wäre für keine der beiden förderlich.

Dafür bestehen im Wesentlichen zwei Möglichkeiten. Zum einen sollten beide Kommunikationsformen einen unterschiedlichen Charakter haben und zum anderen sollte die energiereichere Kommunikation einen unteren Schwellenwert besitzen, ab dem überhaupt erst von einer spezifischen Information gesprochen werden kann.

Betrachten wir nun elektromagnetische Kommunikation unter diesen Aspekten, lässt sich zumindest der zweite Punkt bestätigen. Da wir im Grunde genommen in der Physik nur den Mechanismus des Elektromagnetismus kennen, erklären und manipulieren können, legt das den Schluss nahe, dass Gravitation anders ist, aber wir wissen nicht wie anders. Den Schwellenwert der elektromagnetischen Kommunikation kennen wir, es ist die Planck-Konstante h. Mit dieser Thematik habe ich mich ausführlich in meinem Buch *Information und Kosmos* auseinandergesetzt. Die Existenz dieses Schwellenwertes macht deutlich, dass der Elektromagnetismus eine eigenständige Kommunikation darstellt, die ungestört sein möchte.

Auf Grund der vergleichsweise großen Wirkung h, die erforderlich ist, damit diese als elektromagnetisches Informationsbit fungieren kann, sollte diese vergleichsweise langsame Kommunikation auch einen eher lokalen Charakter haben. Dass wir heute weit entfernte Galaxien sehen können, sollte man daher auch als zufälliges Nebenprodukt denn als primäres Anliegen der elektromagnetischen Kommunikation betrachten.

Man kann wohl kaum von einer Wechselwirkung sprechen, wenn Informationen von einer fernen Galaxie erst nach etlichen hundert Millionen Jahren ankommen. Eine Evolution hat grundsätzlich einen lokalen Charakter, der Begriff unendlich hat für sie keine Bedeutung.

Da wir Menschen vor allem dadurch beeinflusst werden was wir sehen, wir also elektromagnetisch geprägt sind, tendieren wir natürlich dazu, den Einfluss des Elektromagnetismus auf unseren Kosmos zu hoch anzusetzen. Aus einer für einen lokalen Bereich konzipierten Wechselwirkung versuchen wir Aussagen über den gesamten Kosmos abzuleiten.

Kein Physiker käme auf die Idee, die Kernkraft, deren Reichweite auf den Atomkern beschränkt ist, auf unser gesamtes Universum anzuwenden, auch dann nicht, wenn die Kernkraft glimmen würde. Die Reichweite von Wechselwirkungen sollte in irgendeiner Form der Ausbreitungsgeschwindigkeit dieser Wechselwirkung proportional sein. Ich bin daher äußerst verwundert, dass in der Literatur die Reichweite der verhältnismäßig langsamen elektromagnetischen Kraft immer mit unendlich angegeben wird. Ich denke hier liegt ein gedankliches Problem vor.

Wie sollen zwei Galaxien, die 13 Milliarden Lichtjahre voneinander entfernt sind, sich gegenseitig beeinflussen? Ich glaube nicht, dass sich zwei Schiffe in der Mitte des Atlantiks gegenseitig beeinflussen nur weil man das Toplicht am Rand des Horizonts erkennen kann! Ich halte es für fatal, den Elektromagnetismus falsch oder über zu bewerten, nur weil man die Gravitation nicht versteht und daher nicht richtig interpretieren kann. Es ist dann natürlich auch nur folgerichtig, das sichtbare Universum für das ganze Universum zu halten (Im Anfang war der Wasserstoff).

Dass die beiden nicht gleich sind, kann eigentlich nur ein evolutionäres Modell des Kosmos liefern. Dieses erklärt auch gleichzeitig die Existenz der dunklen Materie, denn erst mit der Erschaffung des Wasserstoffatoms beginnt unsere Welt zu leuchten. Aber überall im Universum existieren die Wasserstoff-Ära und die Vor-Wasserstoff-Ära gleichzeitig nebeneinander, sie stellen nur unterschiedliche Entwicklungsphasen dar.

Ich habe zuvor auf ein gedankliches Problem hingewiesen. Möglicherweise ist das aber nur mein persönliches Problem. Es geht um die Begriffe Wechselwirkung und Reichweite. Nehmen wir als Beispiel Newtons Gravitationsgesetz. Danach ist die Anziehung zweier Massen proportional ihrem Produkt ($m_1 \bullet m_2$) und umgekehrt proportional dem Quadrat ihres Abstands (r^{-2}). Mit zunehmendem Abstand wird die Anziehung sehr viel kleiner, aber mathematisch oder theoretisch gesehen verschwindet sie nie. Wenn ich jetzt einen Planeten aus einem Sonnensystem in einer 10 Milliarden Lichtjahre entfernten Galaxie heraussuche, der etwa die gleiche Größe wie unsere Erde hat, dann besteht zwischen diesen beiden Planeten theoretisch noch eine Anziehung (wie mit Billiarden anderer Himmelskörper auch), aber kann man diesen Tatbestand tatsächlich noch mit dem Prädikat *Wechselwirkung* bezeichnen?

Wir wissen heute, dass in unserer Welt alles mit allem zusammenhängt und die Physik tut sich schwer, diese Relationalität zu erklären oder zu beschreiben (schon ein Drei-Körper-Problem lässt sich mathematisch nicht mehr eindeutig lösen). Bei einem evolutionären Modell kann man dagegen ganz klar unterscheiden zwischen der ursprünglichen, eigentlichen Aufgabe einer Wechselwirkung und den unbeabsichtigten *Spätfolgen* oder *Sekundäreffekten*,

Wenn ich mich in einem vollbesetzten Restaurant, in dem ein gewisser Geräuschpegel vorhanden ist, mit meinem Partner unterhalte, muss ich, um verstanden zu werden, den Geräuschpegel überbieten. Dass dadurch Teile meines Gesprächs auch an Nachbartischen oder mit Hilfe eines Richtmikrofons auch am anderen Ende des Saals mitgehört werden können, sind Nebenprodukte meiner eigentlichen Zielsetzung. Bei einer evolutionären Entwicklung treten immer unerwünschte Nebeneffekte (Fehler) auf, die korrigiert werden müssen, natürlich auch fehlerhaft und so weiter und so weiter.

Wenn der Elektromagnetismus ursprünglich für den Aufbau höherwertiger chemischer Elemente mit neuen Eigenschaften und daraus resultierenden Molekülen und Molekülketten gedacht war, dann können wir heute dankbar sein, dass wir durch ihn mit Hilfe von Richtmikrofonen (Parabolspiegeln) in die Vergangenheit unseres Universums blicken können. Ich denke, man sollte sehr genau zwischen einer beabsichtigten oder ursprünglichen Reichweite und einer sehr viel späteren mathematischen Reichweite unterscheiden.

Das Coulombsche Gesetz für die Anziehung bzw. Abstossung elektrischer Ladungen ähnelt im Aufbau dem Newtonschen Gravitationsgesetz, indem man die Massen m_1 und m_2 durch die jeweiligen Ladungen q_1 und q_2 ersetzt und der Proportionalitätsfaktor geändert wird. Gleiche Ladungen stoßen sich ab, ungleiche ziehen sich an. Ein Unterschied besteht aber schon. Massen haben kein Vorzeichen, addieren sich daher und nach oben ist im Prinzip keine Grenze gesetzt. Bei Ladungen sieht das etwas anders aus, entgegengesetzte Ladungen neutralisieren sich nach außen hin. Schon wegen der gegenseitigen Abstoßung sind größere Zusammenschlüsse gleichartiger Ladungen eher die Ausnahme und erfordern einen komplexen

Aufbau. In der realen Welt sind Kerne mit mehr als 92 positiven Ladungen instabil.

Ich habe auf dem letzten Seiten zwei Thesen in den Raum gestellt, die einer näheren Erläuterung bedürfen.
1. Es gibt eine Abhängigkeit zwischen sinnvoller Reichweite und Kommunikationsgeschwindigkeit, je größer die eine ist, desto größer ist auch die andere.
2. Die Kommunikationsgeschwindigkeit ist abhängig von der Größe der Informationscluster, die übertragen werden, je größer die zu übermittelnde Informationsmenge, desto geringer die Übertragungsgeschwindigkeit. Ein Grund dafür könnte eine begrenzte Aufnahmefähigkeit sein. Wenn zu viele Informationen zu schnell hintereinander eintreffen, besteht die Gefahr, dass ein Teil der Informationen verloren gehen könnte.

Die erste These entspringt meiner natürlichen Vorstellung von Wechselwirkung. Um das überspitzt auszudrücken: Wenn ich eine Frage stelle, möchte ich die Antwort noch zu Lebzeiten bekommen.

Mit der zweiten These wollte ich auf eine zunehmende Trägheit bei zunehmender Informationsmenge hinweisen, aus der sich dann zunächst eine träge Masse und später Masse selbst herauskristallisieren könnte. Physikalisch ist Masse bis heute nicht gut verstanden, obwohl wir von Masse umgeben sind. Mit dem heutigen Verständnis der Koevolution stellen wir nicht mehr die Frage, was zu erst da war, die Henne oder das Ei. Wir wissen, dass sich Ursache und Wirkung gegenseitig aufschaukeln und daraus entwickelt sich der Jetzt-Zustand. Für einen ‚Evolutionär' ist die Vorstellung, dass sich aus Störungen und ihrer Kommunikation Massen und Gravitation entwickeln können normal, aber es entwickeln sich beide, sowohl die Kommunikationspartner als auch die Kommunikation selbst!

Eine gewisse Bestätigung findet die zweite These aber im Elektromagnetismus. Wir wissen, dass elektromagnetische Informationen in Form von Quanten, Photonen, übermittelt werden, deren Größe sich aus der Planck-Konstante, dem Planckschen Wirkungsquantum, ergibt. Da alle Informationsquanten die gleiche Größe haben, sollten sie sich auch mit der gleichen Geschwindigkeit ausbreiten, und das ist die sogenannte Lichtgeschwindigkeit c. Diese Geschwindigkeit c gilt im leeren Raum, im Vakuum. Wir nehmen an, dass Photonen keine Ruhemasse haben, aber sehr wohl eine ‚bewegte Masse' und Materie kaum durchdringen können. Zudem wechselwirken Photonen mit der negativ geladenen Atomhülle. Wie schon erwähnt, verstehen wir Menschen den Elektromagnetismus recht gut, sind sogar in der Lage, ihn zu manipulieren oder künstlich zu erzeugen, wie uns Radio und Fernsehen täglich zeigen.

Ich persönlich mag die Vorstellung, dass Masse nichts anderes ist, als in ‚Stein gemeißelte' und sehr, sehr langlebige Informationscluster, gewissermaßen eingefrorene Informationen oder wie hier dargestellt, superträge Informationsmengen. Ein Zugang zu dieser Vorstellung ist wohl nur über die Gravitation möglich und da sind wir Menschen blind.

Vom Elektromagnetismus wissen wir, dass er in immer gleich großen Wirkungsquanten h kommuniziert wird, die Übertragungsgeschwindigkeit also auch immer gleich groß sein muss. Möglicherweise hat das etwas mit der Existenz einer Elementarladung zu tun. So viel wir heute über Elektromagnetismus wissen, so wenig wissen wir über Gravitation. Wir wissen, dass sich Massen anziehen. Punkt. Wird die Gravitation auch in Form von Bits übermittelt oder können auch unterschiedlich große Informationscluster übertragen werden? Wird Gravitation nur mit einer Geschwindigkeit übermittelt oder gibt es ein ganzes Spektrum von Geschwindigkeiten und somit auch von sinnvollen Reichweiten?

Kann man Neutrinos als solch ein Cluster betrachten? Da Neutrinos ungehindert Masse durchdringen können, sollten sie eine geringere Trägheit als Photonen besitzen. Kann man überhaupt Neutrinos mit Photonen vergleichen? All diese Fragen werden in der Physik heute lieber vermieden, da man keine Antworten geben kann, solange der Mechanismus der Gravitation unbekannt ist und keine Sensorik vorstellbar ist, mit der man Gravitationseffekte messen kann.

Praktisch beruht all unsere moderne Sensorik auf Elektromagnetismus und damit lassen sich nur Wirkungen aufspüren, die größer sind als h, die Planck-Konstante. Daher wird zur Zeit die Hochenergiephysik favorisiert. Man weiß, wie man geladene Teilchen beschleunigen kann, man kann viel messen und versucht dann, Rückschlüsse zu ziehen.

In meinen Augen liegt aber das Geheimnis der Welt im Niedrigenergiebereich, gewissermaßen im Dunkeln. Ein wenig erinnern mich moderne Physiker an den Mann, der etwas unter der einzigen Laterne weit und breit sucht. Als ein Passant des Weges kommt entwickelt sich folgendes Gespräch:

Passant: „Suchen sie etwas, kann ich ihnen helfen?"
Mann: „Ja, ich suche meine Schlüssel."
Passant: „Wo haben sie ihre Schlüssel denn verloren?"
Mann: „ Na, irgendwo da hinten!"
Passant: „Und warum suchen sie dann hier?"
Mann: „Weil es hier hell ist und ich etwas sehen kann."

Fortsetzung folgt.....

Epilog

Ich fühle mich selbst durchaus in der Rolle des Passanten und wäre töricht, den Mann zu verurteilen. Es ist praktisch unmöglich, etwas im Dunkeln zu suchen oder gar zu finden. Man kann aber zunächst sicher gehen, dass das Gesuchte nicht im Hellen ist. Dann sollte man aber nach einer Kerze oder Streichhölzern Ausschau halten und wenn man selbst keine bei sich hat, muss man halt andere Passanten fragen. Daher lautet meine ganz einfache Frage an alle Passanten (Leser): „Hat jemand eine Kerze und Streichhölzer bei sich und hilft uns bei der Suche nach dem Schlüssel (dem Geheimnis der Gravitation)?

Meine evolutionäre Betrachtungsweise kehrt die Blickrichtung um, nicht hin zu den höchsten Energien des Urknalls, sondern zu den niedrigsten Energien der Gravitation und des Nichts. Evolution entwickelt sich von unten nach oben, vom Einfachen zum Komplexen. Das Urknallmodell versucht eine Beschreibung von oben nach unten.

Mit einigem Sarkasmus würde ich sagen oder wenigstens denken, dass es höchst unwahrscheinlich wäre, die Schlüssel im Leuchtmittel der Laterne wiederzufinden nur weil es dort am hellsten ist. Aus Erfahrung käme mir in den Sinn, dass Gegenstände eher auf die Erde fallen und zudem ist die Wahrscheinlichkeit um vieles höher, dass sie im weiten Feld der Dunkelheit liegen, als im eben kleinen Leuchtkegel der Laterne.

Ich habe dieses Buch Evolution 3.0 betitelt, habe aber auch lange über Evolution^3 nachgedacht. Kernpunkt ist die gleichzeitige Existenz unterschiedlicher Evolutionen, wobei ich mich auf drei beschränkt habe. Die kulturelle Evolution, die Entwicklung unserer Gedanken, ist uns allen geläufig. Von

Friedrich Cramer (*Der Zeitbaum*) habe ich die Vermutung übernommen, dass diese kulturelle Evolution um einen Faktor von etwa 1 Million schneller ist als die biologische Evolution. In dieser Langsamkeit ist auch der Grund zu suchen, dass es bis Darwin dauerte, bis diese als solche erkannt wurde. Erst im 20. Jahrhundert ließen sich mit der Radiokarbonmethode, auch Radiokohlenstoffdatierung genannt, verlässliche Altersbestimmungen durchführen und unser Bild vom Leben auf der Erde wurde revolutioniert.

Wenn nun aber schon eine biologische Evolution vor 200 Jahren nicht erkennbar war, um wie viel schwieriger gestaltet sich dann erst die Vorstellung einer physikalischen Evolution, wenn diese nochmals um mindestens denselben Faktor langsamer ist als die biologische Evolution? Wie ich gezeigt habe, ist ein Nachweis mit irdischen Experimenten praktisch unmöglich. Das ist auch der Grund dafür, dass unsere Physik so gute Ergebnisse liefert und uns vieles erklären kann. Aus diesem Grund ist auch der Begriff physikalische Evolution unglücklich gewählt und ich werde es *kosmische Evolution* nennen.

Man darf eben nicht von einem Teil, unserer Erde, auf das Ganze, das gesamte Universum, schließen. Zudem sind Zeit und Raum zwei völlig voneinander unabhängige Parameter. Wenn ein Ereignis, eine Störung, auftritt, muss diese eine endliche Zeitspanne dauern, eine endliche Dauer haben, damit sie wahrgenommen werden kann. Wenn mehrere Störungen zeitgleich auftreten und miteinander kommunizieren wollen, spannen sie einen Raum auf, in dem die jeweiligen Abstände minimiert werden können und möglichst direkte Wege gesucht werden.

Nur wenn man die Unabhängigkeit von Raum und Zeit nicht in Frage stellt, lässt sich ein Werden unserer Welt erklären. Man kann zwar mathematische Verknüpfungen von Raum und Zeit konstruieren, die auch zu einem bestimmten Zeitpunkt gültig sein mögen, diese verschleiern aber wesentliche Aspekte der Evolution, wie beispielsweise die Unbestimmtheit.

Jedem, der sich ein wenig mit dem Urknallmodell und seinen Implikationen befasst, muss auffallen, wie weit hergeholt viele Annahmen und Schlüsse sind, welches Ausmaß an Mathematik von Nöten ist und wie viel Merkwürdiges als gegeben angesehen werden muss. Man kann sich damit abfinden, alles einem kreativen Schöpfer zuschreiben oder man versucht sich eben an den Evolutionen zu orientieren, die man bereits einigermaßen versteht.

Denken wir an ein Kreuzfahrtschiff und all die Voraussetzungen, die für seinen Bau erfüllt sein mussten. Werkzeuge, Erzgewinnung, Eisen- und Stahlerzeugung, Erdölförderung und Verbrennungsmotoren sind nur einige der Fertigkeiten und Kenntnisse, die von Menschen erlernt und beherrscht werden mussten, um sich an so ein Projekt heranzutasten.

Denken wir an uns Menschen und all die Stadien, die das Leben durchlaufen musste, um unsere heutige Komplexität zu erlangen. Sowohl das Kreuzfahrtschiff als auch der Mensch sind auf ihre Weise hochkomplexe Gebilde und um ihre Existenz, ihr Sein, zu beschreiben, benötigt man sehr komplexe Erklärungen. Das Werden erfolgte aber in ganz kleinen, einfachen Schritten (und auch gelegentlichen Rückschritten) nach ganz einfachen Regeln.

Und genau darin liegt die **Brillanz der Evolution.** Sie muss mit einfachen Regeln beginnen, denn komplizierte Regeln sind für eine einfache Struktur unverständlich. Wenn sich nun diese Regeln auf der ersten Ebene bewährt haben, besteht kein Grund, diese auf der nächsten Ebene zu verwerfen. **Geniale Regeln** zeichnen sich nun dadurch aus, dass sie nicht spezifisch für nur eine Ebene sind, sondern auf jeder Komplexitätsebene genauso gut anwendbar sind. Einen Vorschlag für solche Regeln habe ich dem 1. Kapitel vorangestellt.

Wenn man sich lange genug mit Evolution beschäftigt, sie langsam zu verstehen beginnt und sich von ihrer Brillanz einfangen lässt, erscheinen einem starre Gesetze abstrus, absurd und gegen jede Erfahrung.

Aus diesem Grund möchte ich noch einmal meine wesentlichen Einwände gegen das Urknallmodell zusammenfassen.
1. Die Urknalltheorie erklärt nichts, sondern verschiebt Erklärungen ins Jenseits, in diesem Fall vor den Urknall. Sie macht damit dasselbe, was Religionen schon immer gemacht haben. Die Frage nach dem Vorher (vor dem Urknall) darf nicht gestellt werden. Wenn nun doch jemand die Frage stellt, wie soviel Energie in einen Punkt kommen konnte, wird vermutlich auf ein früheres Universum mit einem früheren Urknall verwiesen. So entsteht auch eine Multiversentheorie, nur dass diese Universen nicht gleichzeitig, sondern nacheinander existieren. Das ist das bekannte Metaprinzip, das Antworten in die Unendlichkeit verschiebt.
2. Es bestehen einige handwerkliche Probleme. Ich denke dabei an die Heliumbildung. Helium ist energetisch günstiger als Wasserstoff, benötigt aber für eine Fusion eine gewisse Anfangsenergie. Wenn der Prozess erst einmal in Gang gesetzt ist, endet er erst, wenn der gesamte Wasserstoff zu Helium fusioniert ist (Sonne). Nach dem Urknall wäre aber eine so hohe Energiedichte vorhanden gewesen, dass der gesamte Wasserstoff zu Helium hätte fusionieren müssen. Natürlich lässt sich alles durch gewisse Unregelmäßigkeiten, Aus-

nahmen, Tricks und Kniffe erklären, aber letztlich entsteht ein konstruiertes Universum, das so unwahrscheinlich ist, dass keine klare Linie mehr zu erkennen ist.
3. Es gibt keine Erklärung für die dunkle Materie. Auch die Hintergrundstrahlung ist kein Relikt des Urknalls und der darauf folgenden immensen Inflation oder gar ein Beweis für beides. Umgekehrt: Die Inflation wurde so modelliert, dass die Hintergrundstrahlung passt. Dabei ist diese nichts anderes als das, was der Name besagt, Hintergrundstrahlung. Aus der Hintergrundstrahlung lässt sich auf die Wasserstoffdichte schließen, die in einem offenen Universum vom Wasserstoff selbst bestimmt wird.

Ursache dieser wilden Spekulationen ist natürlich die Tatsache, dass wir Gravitation nicht verstehen, aber wenn man sich auf einen Urknall versteift, erübrigt sich eigentlich diese Frage. Das andere ungelöste Problem ist die Kernkraft. Nicht zu Unrecht hat man die beteiligten Teilchen Gluonen getauft, ich habe die Kernkraft einfach als Klebstoff bezeichnet. Beides bringt zum Ausdruck, dass man den Mechanismus nicht kennt.

Wenn Physiker einen Mechanismus nicht kennen, erklären sie ihn ‚elektromagnetisch äquivalent', mit Potentialdifferenzen, Reichweiten und Austauschteilchen. Für alles, was man nicht erklären kann, kreiert man ein neues Teilchen und so entsteht langsam ein Teilchenzoo. Dieser Zoo ist übrigens beliebig erweiterbar und erinnert ein wenig an die Mathematik der Fourier-Transformationen. Durch die Überlagerung unterschiedlicher Wellenfunktionen kann man erreichen, dass diese sich außer in einem gewünschten Bereich überall sonst gegenseitig kompensieren. So hat man das Problem mathematisch beschrieben, aber nicht erklärt. Das erinnert sehr an die Epizyklen, mit denen die alten Griechen die Planetenbahnen beschrieben haben.

Durch den Teilchenzoo schafft man eine ganze Anzahl frei wählbarer Parameter und diese sind immer ein Indiz dafür, dass man etwas nicht verstanden hat. Eine mathematische Beschreibung ist etwas anderes als eine physikalische Erklärung. (Das legt die wohl falsche Vermutung nahe, dass die Physiker, die mit riesigen Computersimulationen und komplexen mathematischen Modellen operieren, im Grunde genommen nur wenig verstanden haben. Aber was verstehen wir schon unter Verstehen? Nach H. G. Gadamer speist sich alles Verstehen aus einem Vorverständnis, das aus der Erinnerung kommt. Und woran erinnern wir uns besonders? Religion, Schulwissen, Ausbildung!)

Menschen haben auch für lange Zeit den Lauf der Sterne am Firmament aufgezeichnet und konnten ihn sogar vorausberechnen (Epizyklen), ohne dass sie den Mechanismus verstanden hatten. Wenn eine Vorhersage nicht stimmte, wurde einfach eine weitere Kreisbahn hinzugefügt. Wissenschaft hat schon immer so stattgefunden, dass man erst das ‚Wie' geklärt hat und dann nach dem ‚Warum' gefragt hat. Erst wenn man sich einer Regelmäßigkeit bewusst ist, macht die Frage nach dem Warum überhaupt einen Sinn.

Wissenschaftler haben den Urknall auf einen Zeitpunkt vor etwa 13,8 Milliarden Jahren gelegt und die entferntesten Galaxien befinden sich kurz davor. Nach meiner Vorstellung ist das in etwa der Zeitraum, in dem der erste Wasserstoff entstanden ist. Wenn wir tiefer in das Universum schauen, ist es dunkel. Aber nicht, weil das Universum dort zu schnell expandiert, sondern weil es da noch keinen Wasserstoff gab, der elektromagnetisch strahlen konnte. Vor ca. 13,7 Milliarden Jahren ging in unserem Universum das Licht an, es wurde sichtbar. Davor liegt das dunkle Zeitalter, das um mindestens 30 bis 40 Zehnerpotenzen länger gedauert hat als das erleuchtete Zeitalter.

In einem evolutionären Universum hat die Schöpfung nicht stattgefunden, sie findet statt, immerfort. So ein schöpferisches, evolutionäres Universum sollte in etwa einer e-Funktion, die auch Lebensfunktion genannt wird, unterliegen. Diese Funktion ergibt sich dadurch, dass zu jedem Zeitpunkt die Anzahl der neuen Ereignisse einem festen Bruchteil der Anzahl vorhandener Ereignisse entspricht. Nur wird diese Funktion noch von einer Sägezahnkurve überlagert, denn in der Evolution gibt es auch viele, viele Rückschläge, die immer wieder verkraftet werden müssen.

Von einer e-Funktion weiß man, dass man den Ursprung nicht dadurch erhält, indem man das momentane Wachstum linear zurückrechnet. Wenn man es dennoch tut, erhält man immer einen sehr viel späteren Ursprung.

Für diejenigen, die immer noch den 2. Hauptsatz der Thermodynamik für richtig halten, sei erwähnt, dass dieser nur die eine Seite der Medaille betrachtet, die Erosion. Diese beschreibt den Zerfall, die Zunahme der Entropie. Demgegenüber steht auf der anderen Seite die Evolution, die Ordnung schafft, die Entropie verringert.

Die Erosion zerlegt die nicht mehr benötigten, toten Strukturen wieder in kleinere Teile oder Bausteine, die dann wieder der Evolution als Grundmaterial zur Erschaffung neuer Komplexitäten zur Verfügung stehen. Aber ein wachsendes Universum kann nicht nur vom Recyceln leben, es benötigt eine schöpferische Komponente, die wir auch heute noch nicht wissenschaftlich erklären können.

Es bleibt noch zu erwähnen, dass historisch gesehen der Begriff der Evolution biologischen Ursprungs ist. Erst später erkannte man, dass man diesen Begriff auch auf unsere Kultur, unser Denken, übertragen kann. Richard Dawkins machte den Vorschlag, dass die Gene die treibende Kraft der biologischen Evolution sind (*Das egoistische Gen*) und prägte den Begriff *Meme* für ihr kulturelles Pendant (*Susan Blackmore: The Meme Machine*). Der Schluss liegt also nahe, dass die ganze Welt einer Evolution unterliegt, aber eben einer sehr, sehr langsamen kosmischen Evolution.

Ich habe dieses Buch bewusst mit der kulturellen Evolution begonnen und ein ganzes Unterkapitel der Mathematik gewidmet. Gödels Unvollständigkeitssatz ist vielleicht die beste Darstellung eines offenen Systems.

Wenn man darauf aufbauend Kultur als offenes System betrachtet, das in ein biologisches System eingebettet ist, dann muss man auch dieses biologische System als offen annehmen. Andernfalls würde eine kulturelle Evolution irgendwann einmal an ihre Grenzen stoßen. Man darf bei dieser Betrachtungsweise nur nicht der Versuchung unterliegen, diese Offenheit auf einen (dreidimensionalen) physikalischen Raum zu beziehen.

Wie bereits erwähnt, ist ein offenes System nicht vorstellbar. Man kann nur soviel feststellen, dass ein offenes System keine Grenzen oder keinen Rahmen hat. Wenn nun aber auch das biologische System in ein anderes System, das kosmische, eingebettet ist, gilt analog die gleiche Überlegung wie zuvor, das kosmische System muss auch offen sein. Da nun aber Reproduzierbarkeit und Energieerhaltung eindeutig Eigenschaften oder Privilegien geschlossener Systeme sind, können diese Forderungen nicht für ein offenes Universum geltend gemacht werden.

Um nun aber einer Einbettung in immer weitere Systeme zu entgehen (Meta-Prinzip), muss letztlich ein Bett im Nichts eingebettet sein. Es muss aus dem Nichts entstanden sein! In Anbetracht unseres Wissens liegt es nahe, unser Universum als erstes Bett zu vermuten.

Ein wesentliches Merkmal der Evolution darf auf keinen Fall außer Acht gelassen werden: Evolution hat keine Visionen, es zählt nur, was _jetzt_ vorteilhaft ist. Als die Schalentiere ihre Panzer entwickelten, war es nicht deren Absicht, Paläontologen 500 Millionen Jahre später Einblicke in die biologische Evolution zu gewähren. Der Rosetta-Stein wurde nicht erschaffen, um uns heute Rückschlüsse auf die kulturelle Entwicklung der Menschheit offen zu legen, wohl aber, um kulturelle Vorstellungen nicht dem Vergessen preiszugeben.

Da Evolution keine Visionen hat und Kommunikationsgeschwindigkeiten endlich sein müssen, hat Evolution einen lokalen Charakter. Weitreichende Sekundäreffekte sollten daher als unbeabsichtigt eingestuft werden.

Überträgt man diese Überlegungen auf eine kosmische Evolution, wird es höchste Zeit, unsere heute gängigen Vorstellungen der Welt zu überdenken! Sterne lassen sich als die Bücher des Universums verstehen. Jeder Stern erzählt seine eigene Geschichte.

Um den Werdegang unseres Universums einmal nicht durch die rein wissenschaftliche Brille zu betrachten, habe ich eine kleine Geschichte der Welt verfasst, die jedoch die wesentlichen Aspekte dieses Buches berücksichtigt.

Eine kleine Geschichte der Welt

Am Anfang war das Nichts. Dieses Nichts war vollkommen, es herrschte totale Ordnung, Gleichmäßigkeit, Ausgeglichenheit, Zeitlosigkeit – dieses Nichts war schlichtweg das Paradies, zeitlos und unendlich. Aber irgendwann einmal gab es in diesem Nichts eine Störung, sie war einfach da, aber weiß Gott warum!

Diese Störung war letztendlich ein Fehler, ein Fehler im System, ein Störenfried, den es zu beseitigen galt – aber wie? Wenn man im Grunde genommen keine Erfahrung mit Störungen hat, bleibt eigentlich nur der Versuch – und der mögliche Irrtum! Anscheinend zieht sich dieses Prinzip wie ein roter Faden durch die Geschichte unserer Welt: trial and error! Haben wir heute nicht das gleiche Problem? Wir empfinden eine Unordnung, eine gewisse Unbehaglichkeit und versuchen diese Ordnung wiederherzustellen. In Unkenntnis der tatsächlichen Sachlage versuchen wir Fehler zu kompensieren, indem wir andere, und manchmal auch neue Fehler machen. Das ist aber absolut normal, denn der Fehler ist oft zufällig – er ist **unbestimmt!**

Anscheinend muss es ein Grundphänomen der Welt sein, den paradiesischen Zustand wiederherstellen zu wollen. Wenn man aber nur die Möglichkeit von Versuch und Irrtum zur Verfügung hat, ist es durchaus sinnvoll, einen **Wettbewerb** ins Leben zu rufen, bei dem die besten Versuche prämiert werden. Um die besten Versuche bewerten zu können ist aber Gedächtnis unabdingbar. Der Preis für gute, erfolgreiche Versuche ist, dass die Erfolgreichen weiter machen dürfen, die anderen nicht. Wichtig ist hier zu erwähnen, dass bei komplexen Problemstellungen durchaus verschiedenartige Versuche erfolgreich sein können, die sich in ihren Qualitäten unterscheiden.

Der Wettbewerb wirkt wie ein Motor, dient aber auch der Auswahl der Erfolgreichen – aber nur dann, wenn man die vorliegenden Ergebnisse vergleichen kann! Man muss auch frühere Ergebnisse speichern können und dazu benötigt man eine Datenbank – ein Gedächtnis. Ein besseres (komplexeres) Gedächtnis ermöglicht nicht nur bessere (komplexere) Vergleichsmöglichkeiten, sondern bietet dem Besitzer auch ungeahnte Wettbewerbsvorteile! Dafür bietet sich **Kooperation** an, ein Bit allein kann nur eine Information speichern, mit zwei Bits kann man bereits vier verschiedene Zustände realisieren.

Damit haben wir bereits die drei Grundlagen der Evolution beisammen: **Wettbewerb, Kooperation und Unbestimmtheit**. Man kann oder sollte Evolution als das Grundphänomen unserer Welt betrachten, wobei man verschiedene Evolutionsarten mit unterschiedlichen Zeitregimes differenzieren muss, z.B. kosmische, biologische oder kulturelle Evolution (man kann davon ausgehen, dass die kulturelle Evolution um einen Faktor im Millionenbereich schneller ist als die biologische und die kosmische mindestens um den gleichen Faktor langsamer).

Wettbewerb und Kooperation haben demnach einen gemeinsamen Nenner: **Gedächtnis**. Bewertbarer Wettbewerb benötigt gute Gedächtnisse, Kooperation ist in der Lage, diese zu erzeugen. Es ist daher sinnvoll, die beiden Begriffe Gedächtnis und Kooperation näher zu beleuchten. Ich habe oben leichtfertig Gedächtnis und Datenbank synonym benutzt, was einer Erklärung bedarf. Natürlich gibt es Unterscheidungen, aber beide Begriffe sind miteinander verknüpft. Wenn die Menge der sinnvollen Informationen das vorhandene Gedächtnis übersteigt, gibt es zwei Möglichkeiten, die durchaus parallel verfolgt werden sollten. Eine Möglichkeit ist natürlich das Gedächtnis zu vergrößern, zu verbessern, was ein vergleichsweise langwieriger Prozess ist, mit der Gefahr, dass in dieser Zeit wertvolle Informationen verloren gehen könnten. Die andere besteht im Auslagern von Informationen.

Da ich, so wie wir alle, ein Produkt der Evolution bin, ist es nicht abwegig, evolutionäre Ideen und Prozesse mit Beispielen aus der menschlichen Geschichte zu verdeutlichen. Wenn also die Menge der sinnvollen Informationen das verfügbare Gedächtnis überfordern, muss man einem drohenden Datenverlust mit Auslagern vorbeugen. Dazu bestehen wiederum zwei Möglichkeiten. Man kann einen Prozess initialisieren, in dem wichtige Informationen ständig wiederholt werden, z.B. durch Ritualisierung oder Kanonisierung. Durch diesen Prozess werden Informationen auf viele Gedächtnisse übertragen, wodurch ein möglicher Datenverlust minimiert wird. Eine andere, aber etwas aufwendigere Methode ist eine Auslagerung wichtiger Daten auf eine „Festplatte". Man denke an den Rosetta-Stein, an Moses, der mit in Stein gemeißelten Geboten vom Berg kam, an Papyrus-Rollen der alten Ägypter, an die vielen in Stein gemeißelten Reliefs weltweit, an die vielen gedruckten Bücher und nicht zuletzt an die Festplatten unserer Computer.

So einfach uns Datenspeicherung heute erscheint, so gewaltig und revolutionär ist dessen Entwicklung aus evolutionärer Sicht. Es wird eine symbolische Darstellung von Informationen benötigt, wir können Zeichnungen, Zeichen, Buchstaben, Bits und vieles mehr als Symbole betrachten. Es muss eine möglichst eindeutige Zuordnung von Symbol und Information bestehen, um zusätzliche Fehlerquellen zu vermeiden und diese Symbole sollten sehr langlebig sein. Diese Symbole müssen aus Einzelteilen geformt werden und dennoch stabil sein! Wenn in einem Uruniversum aber nur Gravitation als Wechselwirkung vorhanden ist, kann auch nur diese Gravitation für die Ausbildung von Gedächtnis und von Symbolen verantwortlich sein. Da nach unserer heutigen Erkenntnis Gravitation nur auf Massen wirkt, liegt die Vermutung nahe, dass die frühen Gedächtnisse und Symbole einen materiellen Charakter hatten.

Ein tieferes Verständnis der Evolution lehrt uns, dass sich eine Wechselwirkung und die zugehörigen Partner immer parallel entwickeln, nicht erst das eine und dann das andere. Gravitation und Masse müssen sich also gleichzeitig entwickelt haben. Gravitation ist die schwächste der uns heute bekannten Wechselwirkungen, schließt aber nicht aus, dass sie sich aus einer noch sehr viel schwächeren Wechselwirkung entwickelt hat, die uns (noch) nicht zugänglich ist.

Masse muss also bereits in einem sehr frühen Universum entstanden sein, lange, lange bevor es Elektromagnetismus gab. Aber warum ist der Elektromagnetismus entstanden? Gibt es dafür einen hinreichenden Grund? Eine Antwort darauf kann uns eine nähere Betrachtung der Kooperation geben. Kooperation ist ja nichts anderes als eine Verbindung, Verknüpfung, Zusammenarbeit von zuvor individuell operierenden Subjekten. Kooperationen sind umso effektiver je enger und fester die Verbindung der einzelnen Partner ist und je besser deren Kommunikation untereinander ist. Das sind die gleichen Kriterien, die auch auf eine erfolgreiche Gemeinschaft oder Firma zutreffen. Eine schwache Wechselwirkung kann zudem nur eine langsame Annäherung der Partner bewirken. Wenn also eine schnellere Verbesserung, Vergrößerung von Gedächtnis und Kooperation angestrebt wird, kommt man nicht um eine stärkere Wechselwirkung und effektivere Kommunikation umhin.

Es ist also vorstellbar, dass sich die ersten Störungen in Form von Gravitation bemerkbar machten, einer extrem schwachen Wechselwirkung, deren Kommunikationsform uns bis heute rätselhaft ist. Wenn aber genügend Gravitation vorhanden ist, macht es durchaus Sinn, diese in größeren Einheiten zu bündeln oder zusammenzufassen. Auch wir versuchen heute bei Firmen und ähnlichem größere Komplexe zu bilden, um beispielsweise statistische oder regionale Schwankungen besser abzufedern. Wie sich diese Entwicklung tatsächlich vollzog ist uns Menschen bisher verborgen, da uns als sehr spätes Produkt der Evolution wohl keine Sinnesorgane dafür als notwendig erachtet wurden.

Aber, vor langer, langer Zeit, (sogenannte Experten meinen) vielleicht vor 13 Milliarden Jahren, soweit dieser Begriff auf einer exponentiellen Skala, und längst bevor der Begriff Jahr überhaupt definiert werden konnte, Sinn macht, kreierte die Evolution das Wasserstoffatom und damit eine neue Wechselwirkung und eine neue Form der Kommunikation, den Elektromagnetismus. Wenn man die vorrangige Aufgabe des Elektromagnetismus mit einer zügigeren Erschaffung besserer lokaler Gedächtnisse und einer Steigerung der Kooperationsfähigkeit benachbarter Partner begründet, dann lässt sich auch eine vergleichsweise langsame Kommunikationsgeschwindigkeit wie die Lichtgeschwindigkeit c verstehen. Vermutlich war diese Wechselwirkung niemals für eine intergalaktische Kommunikation vorgesehen.

Vorrangige Aufgabe des Menschen ist das Überleben auf der Erde. Deshalb haben wir die für diese Aufgabe notwendigen und besten Sinne entwickelt. Außer dem Hören, das an Luft, an unsere Atmosphäre, also letztlich erdgebunden ist, haben wir nur einen wirklichen Fernsinn im Angebot, das Sehen. Und der Mechanismus dieses Sehsinns ist im Elektromagnetismus begründet. Inzwischen ist dieser einigermaßen verstanden und das Spektrum auf Radiowellen etc. erweitert. Unser

Zugriff auf den Kosmos ist elektromagnetisch und daher ist die Vor-Wasserstoff-Ära für uns ‚unsichtbar', das heißt aber nicht, das es sie nicht gibt.

Elektromagnetismus ist aus evolutionärer Sicht eine neuere, komplexere Kommunikationsform und damit diese nicht durch mögliches Hintergrundrauschen der Gravitation oder ähnlichem gestört wird, hat die Natur einen Schwellenwert gesetzt, die Planck-Konstante h. Erst wenn dieser erreicht ist, wird eine Information auch elektromagnetisch wahrgenommen oder als solche betrachtet. Das Photon ist also kein fundamentaler Bestandteil der Welt, sondern das Basiselement einer komplexeren Sprache (Kommunikation).

Ein Wasserstoffatom lässt sich durchaus als einfaches Gedächtnis betrachten. Es kann eine Information (Photon) aufnehmen und bei Bedarf später wieder abgeben. Gewissermaßen handelt es sich um ein elektromagnetisches Gedächtnis. Wie oben schon erwähnt, ist es im Interesse der Evolution bessere Gedächtnisleistungen zu erzielen und als ersten Schritt zwei Wasserstoffatome zu fusionieren. Der bekannteste Fusionsreaktor ist unsere Sonne, die Wassersoff zu Helium fusioniert. Als Folgeprodukte entstehen dann auch die anderen bekannten Elemente. Aber, wie wir alle wissen, können Fusionen durchaus auch problematisch sein und es gibt gewisse Grenzen, ab denen andere Organisationsformen besser geeignet sind. Moleküle und Molekülketten scheinen diesen Umständen besser gerecht zu werden. Einen Spitzenplatz bei den Informationsketten nimmt ganz sicherlich die menschliche DNA ein.

Diese kleine Geschichte der Welt erhebt keinen Anspruch auf Vollständigkeit, zeigt aber, dass man unsere Welt sehr gut evolutionär erklären kann, mit all den Besonderheiten und feinabgestimmten Konstanten (die in Wahrheit wohl gar keine

Konstanten sind), ohne Multiversen, Urknall und sonstige waghalsige Hypothesen. Für die Evolution ist das Unwahrscheinliche das normalste der Welt. Evolution baut auf Erreichtem auf, mit der Prämisse besserer Gedächtnisleistungen dank höherer Komplexität. Dass wir auf Grund des Elektromagnetismus einen Teil der Welt sehen können, war wohl kein Ziel, sondern ein Nebenprodukt der Evolution. Dunkle Materie und viele andere offene Fragen erklären sich aus evolutionärer Sicht der Welt von selbst. Man muss nur eine Hürde überspringen, Energieerhaltung nicht für die gesamte Welt zu fordern, nicht von einem Teil auf das Ganze zu schließen.

Folgt man diesem Gedankengang, hat das Auswirkungen auf unsere Vorstellungen von der Welt, unserem Kosmos:
- Die Welt ist lebendig (Paracelsus)
- Die Schöpfung hat nicht stattgefunden – sie findet statt
- Unser Kosmos ist ein offenes System
- In einem offenen System sind Erhaltungsaussagen irrelevant
- Wenn die Anzahl der Fehlerbeseitigungsversuche proportional der Anzahl der Fehler ist, dann sollte die Entwicklung unserer Welt in etwa einer e-Funktion genügen
- Die e-Funktion ist inkompatibel mit Erhaltung
- Evolution ist nicht gleichmäßig, sondern erfolgt in Schüben und auch gelegentlichen Rückschritten
- Die Regeln (Gesetze) des Kosmos sind abhängig von seiner Größe (Anzahl der Teilnehmer) und Komplexität

Nachlese

Die Urknalltheorie ist eine moderne Variante althergebrachter Religionsvorstellungen, die einen perfekten, alles erschaffenden Gott über alles stellen. Die Welt und ihre Gesetze sind die Schöpfung dieses perfekten und ewigen Gottes (oder Götter). Eine Erklärung der Welt hat eine eindeutige Richtung, von oben nach unten – top-down.

Eine evolutionäre Erklärung basiert auf der entgegengesetzten Richtung – bottom-up. Evolution erklärt sich durch einen fortwährenden Prozess, der Perfektion ausschließt, da diese den Prozess zum Stillstand bringen würde. Perfektion und Evolution schließen einander aus, Perfektion und Evolution sind komplementär!

Perfektion gibt es <u>nicht</u>, oder anders ausgedrückt, Perfektion gibt es nur im <u>Nichts</u>. Evolution hat grundsätzlich einen lokalen Charakter, sowohl räumlich als auch zeitlich. Begriffe wie Ewig und Unendlich sind in der Evolution tabu.

Aus diesem Grund prägte ich bereits in meinem Buch *Meine Zeit* die Formulierung:

Nichts ist **Gott** ist **Unendlich** (oder **Ewig**).
Gott: id quo maius cogitari nequit
Nichts: das Nichts ist unvorstellbar

Der Unterschied ist eher formal, wenn man Gott als allem übergeordnet und das Nichts als allem zu Grunde liegend betrachtet. Wenn man dagegen die Welt als einen Ring sieht, an dessen Nahtstelle zwei Extreme zusammenfallen (Kleist), dann entsprechen beide Vorstellungen nur unterschiedlichen Blickrichtungen.

Zufall oder Nichts am Beispiel des radioaktiven Zerfalls

Die Halbwertszeit des radioaktiven Zerfalls lässt sich am einfachsten mit der Zufälligkeit des Münzwurfs erklären. Die Wahrscheinlichkeit dafür, dass bei einem Münzwurf Kopf oder Zahl kommt, ist 50 : 50. Zwei Dinge sind für das Verständnis essentiell:
1. 50 : 50 bezeichnet die höchstmögliche Unwahrscheinlichkeit. Bei jeder anderen Verteilung wäre eine Seite bevorzugt.
2. Die a-priori Wahrscheinlichkeit (Anfangswahrscheinlichkeit) vor jedem Wurf ist immer wieder 50 : 50, völlig unabhängig von der Vorgeschichte. Selbst wenn 100 oder 1000 mal Zahl gekommen ist, ist beim folgenden Wurf die Wahrscheinlichkeit wieder 50 : 50.

Man sieht sofort, dass diese Wahrscheinlichkeitsbetrachtung nur bei einer sehr großen Anzahl von Würfen Sinn macht und umso genauer wird, je größer die Anzahl der betrachteten Würfe ist. Umgekehrt ist eine Wahrscheinlichkeitsbetrachtung bei einem einzelnen Ereignis völlig sinnlos.

Stellen sie sich nun ein radioaktives Material als eine riesige Menge von Münzen vor und ordnen sie dem Kopf den Begriff ‚Zerfallen' zu und der Zahl ‚Nicht zerfallen'. Wenn sie nun alle Münzen werfen, jeweils Kopf aussortieren und die verbliebenen Münzen wieder werfen und so fort, erhalten sie eine Vorstellung vom radioaktiven Zerfall. Dabei entspricht ein Wurf der vorhandenen Münzen einer Halbwertszeit.

So weit mein Wissen reicht, ist dies die einfachste mir zugängliche Erklärung des radioaktiven Zerfalls und dafür bedarf es keiner höheren Mathematik oder komplexer Gleichungen, im Gegenteil. Wenn sie hundert Münzen werfen, werden gerade nicht 50 Kopf und 50 Zahl sein, sondern auch Verteilungen wie 48 : 52 oder 51 : 49 auftreten.

Aber selbst wenn sie eine so immense Zahl von Münzen und Münzwürfen nehmen, dass die Abweichung von den theoretischen 50 : 50 unmessbar klein wird, sind sie immer noch mit dem Problem konfrontiert, was eine ganz bestimmte, diskrete Münze macht. Analog gilt das natürlich auch für das einzelne Atom beim radioaktiven Zerfall (Schrödingers Katze).

Physikalisch-mathematische Modelle versagen, wenn man einzelne, diskrete Ereignisse betrachtet. Vielleicht ist das der Grund, warum Physiker ein Urknallmodell favorisieren. Da ist schon am Anfang so viel vorhanden, dass sie sich mit ihren Wahrscheinlichkeitsmodellen nach Herzenslust austoben können.

Bei einem evolutionären Modell, das mit einem singulären diskreten Ereignis begonnen hat, sind Wahrscheinlichkeitsmodelle für lange Zeit unangebracht. (Und warum hat man dann einen Mega-Computer, wenn man gar nicht mit ihm spielen kann?) Der Computer muss warten, bis sich die Ereigniszahl so stark vermehrt hat, dass man sinnvoll von Wahrscheinlichkeiten sprechen kann. (Die Schrödinger-Gleichung beschreibt Wahrscheinlichkeitsverteilungen.)

Wenn nun aber die Anzahl der Ereignisse so groß wird, dass eine Abweichung von der berechneten Wahrscheinlichkeit nicht mehr messbar ist (unterhalb der Messgenauigkeit liegt), heißt das aber nicht, dass es diese Abweichung nicht gibt! Wenn eine Energieänderung derzeit nicht messbar ist, heißt das auch nicht, dass sie nicht vorhanden sein kann oder darf!

Mein Gedankengang wäre allerdings unvollständig, ohne den Versuch zu unternehmen, den radioaktiven Zerfall ohne den Begriff des Zufalls zu erklären. Dann muss man aber voraussetzen, dass jedes Atom jederzeit über den Zustand und die Anzahl aller anderen Atome informiert ist. Jedes einzelne Atom müsste dann ständig mit einer fast unendlich großen Datenmenge versorgt werden, die wiederum eine fast unendlich große Übertragungsgeschwindigkeit der Informationen bedingen würde.

Nach meinen vorangegangenen Ausführungen ließe sich das Nichts über eine unendliche Informationsgeschwindigkeit definieren und somit müssten dann alle Atome miteinander durch das Nichts oder über das Nichts miteinander verbunden sein oder kommunizieren können.

Da das Nichts nicht vorstellbar ist, ist diese Erklärung aus wissenschaftlicher Sicht unbefriedigend. Menschliche Erkenntnis basiert (bisher) auf Kausalität und damit auf endlichen Informationsgeschwindigkeiten. Diese Erklärung zeigt aber, dass man ohne weiteres den Zufall durch ein göttliches Nichts substituieren kann und damit lässt sich meine Aussage

Nichts ist **Gott** ist **Unendlich**

noch einmal erweitern zu dem Untertitel dieses Buchs

Zufall Gott.

Nachgehakt

Wie würde sich eigentlich unser Verständnis der Welt ändern, wenn wir die fast unbegrenzten Reichweiten von Elektromagnetismus und Gravitation als unbeabsichtigte Nebenprodukte betrachten würden? Wenn die elektromagnetische Wahrnehmung ferner Galaxien genau so ein unbeabsichtigtes Nebenprodukt der elektromagnetischen Wechselwirkung wäre, wie die Massenanziehung ein Nebenprodukt der Gravitation?

Elektromagnetismus kann als Notwendigkeit für die Erzeugung chemischer Elemente erachtet werden. Daraus lässt sich ein sehr viel ursprünglicherer Nutzen ableiten.

Die ursprüngliche Aufgabe der Gravitation ist es dann, Zeit und Raum zu schaffen und damit den Gedanken und Ideen die Möglichkeit der Kommunikation zu ermöglichen. Massenentstehung ist der langwierige Prozess, erfolgreiche Gedanken und Informationen langfristig zu speichern. Das bedeutet aber nichts anderes, als dass das Geheimnis der Gravitation an die Entstehung von Raum und Zeit gekoppelt ist.

Man kann die Aufgabe der sexuellen Fortpflanzung in der biologischen Evolution als Vermischung großer Informationscluster betrachten. Durch die sexuelle Fortpflanzung wird schnell eine große Vielfalt erzeugt, die mit normaler Zellteilung unmöglich wäre. Bedingung dafür ist aber, dass bereits genügend große Informationscluster zur Verfügung stehen.

Gibt es nun für die sexuelle Fortpflanzung Analoga in der kulturellen und kosmischen Evolution? Ich glaube ja! Das Pendant der sexuellen Fortpflanzung in der kulturellen Evolution ist das, was als Hegelsche Dialektik bezeichnet wird: Das Prinzip von These und Antithese, aus denen sich eine Synthese ergibt, die wiederum zur neuen These (oder Antithese) heranwächst. Den zwei biologischen Geschlechtern lassen sich zwei konträre kulturelle Ansichten oder Darstellungen zuordnen.

Die kulturelle und biologische Entwicklung lassen sich durchaus vergleichen. Am Anfang entwickeln sich Thesen oder Richtlinien sehr langsam ähnlich wie bei der Zellteilung. Erst wenn genügend mächtige Thesen vorhanden sind, kann sich ein dialektischer Prozess entwickeln und schlagartig entsteht eine Vielfalt von Ideen und Vorstellungen, die vorher undenkbar ist.

Und wie lässt sich das Pendant in der kosmischen Evolution vorstellen? Zunächst synchronisieren sich Informationen zu immer größeren Informationsclustern, bis diese in etwa die Größe von Neutronen erreichen. Der Aufspaltung in männlich und weiblich bei der biologischen Evolution entspricht die Entstehung von positiven und negativen Ladungen im Kosmos. Plötzlich explodiert die kosmische Evolution regelrecht und es können Elemente, Moleküle und Molekülketten entstehen, die vorher undenkbar waren. Zeitgleich entsteht eine neue Wechselwirkung, der Elektromagnetismus, der den Kosmos zum Leuchten bringt und für uns Menschen sichtbar macht.

Die Entstehung unseres Universums mit der Existenz von Wasserstoff zu verknüpfen, entspräche etwa der Vorstellung, dass die biologische Evolution mit der sexuellen Fortpflanzung begann. Wir wissen heute, dass die sexuelle Fortpflanzung ein sehr spätes Produkt der biologischen Evolution ist. Überträgt man das auf den Kosmos, dann wurde im Kosmos das Licht erst sehr spät angemacht (und wird auch weiterhin angemacht).

Im Kosmos existieren parallel sehr viele träge Informationscluster, deren einzelne Größe (noch) nicht ausreicht, um elektromagnetische Ladungen zu tragen (dunkle Materie). Diese entstehen aus neuen Störungen und Informationen, wodurch eine kontinuierliche Schöpfung in Gang gehalten wird.

Einige meiner Gedanken werden renommierten Wissenschaftlern durchaus nicht behagen, aber ein letzter Gedanke ist sogar für mich selbst provokativ. Der von mir sehr geschätzte Julian Huxley (*Evolutionary Humanism*) sagte einmal, dass wir Menschen die einzigen Wesen seien, die die Evolution verstehen könnten, **wir seien gewissermaßen die sich selbst zum Bewusstsein gekommene Evolution**. Wenn meine Vorstellung nun richtig ist, dass unser Universum mit einer Störung, einem Gedanken, einer Idee begonnen hat, dann unterscheidet sich dieser Anfang gar nicht so sehr von dem, was gerade in meinem Kopf vorgeht.

Literatur

J. Assmann: Religion und kulturelles Gedächtnis
S. Blackmore: The Meme Machine
F. Cramer: Der Zeitbaum
R. Dawkins: Climbing Mount Improbable
R. Dawkins: Das egoistische Gen
H. v. Ditfurth: Im Anfang war der Wasserstoff
S. J. Gould: Zufall Mensch
G. Hiller: Meine Zeit
G. Hiller: Information und Kosmos
J. Huxley: Evolutionary Humanism
N. Luhmann: Einführung in die Systemtheorie
J. Monod: Zufall und Notwendigkeit
S. Pinker: Der Stoff, aus dem das Denken ist
L. Smolin: Warum gibt es die Welt?
L. Smolin: Im Universum der Zeit
S. Strogatz: Sync
S. Wolfram: A New Kind of Science